对接世界技能大赛技术标准创新系列教材
技工院校一体化课程教学改革服装设计与制作专业教材

基础服装制作（二）

人力资源社会保障部教材办公室　组织编写

刘春燕　主编

U0272455

中国劳动社会保障出版社

world skills
China

简　介

　　本书紧紧围绕职业院校对服装设计与制作专业人才的培养目标，紧扣企业工作实际，介绍了女衬衫制作、连衣裙制作、男西裤制作、女外套制作和女西服制作的有关知识。本书以国家职业标准和"服装设计与制作专业国家技能人才培养标准及一体化课程规范（试行）"为依据，以企业需求为导向，充分借鉴世界技能大赛的先进理念、技术标准和评价体系，促进服装设计与制作专业教学与世界先进标准接轨。本书采用一体化教学模式编写，穿插介绍了世界技能大赛的有关知识，并附有部分拓展性内容，便于开展教学。

　　本书由刘春燕任主编，黄飚任副主编，祝琳、胡博雅、谭安迪参加编写，刘正瑜任主审。

图书在版编目（CIP）数据

基础服装制作 . 二 / 刘春燕主编 . -- 北京 : 中国劳动社会保障出版社，2023
对接世界技能大赛技术标准创新系列教材
ISBN 978-7-5167-5789-5

Ⅰ . ①基… Ⅱ . ①刘… Ⅲ . ①服装 - 生产工艺 - 教材 Ⅳ . ①TS941.6

中国国家版本馆 CIP 数据核字（2023）第 034044 号

中国劳动社会保障出版社出版发行

（北京市惠新东街 1 号　邮政编码：100029）

*

北京市艺辉印刷有限公司印刷装订　　新华书店经销

787 毫米 × 1092 毫米　16 开本　7.75 印张　119 千字
2023 年 3 月第 1 版　　2023 年 3 月第 1 次印刷
定价：**17.00 元**

营销中心电话：400-606-6496
出版社网址：http://www.class.com.cn
http://jg.class.com.cn

对接世界技能大赛技术标准创新系列教材

编审委员会

主　任：刘　康

副主任：张　斌　王晓君　刘新昌　冯　政

委　员：王　飞　翟　涛　杨　奕　张　伟　赵庆鹏

　　　　姜华平　杜庚星　王鸿飞

服装设计与制作专业课程改革工作小组

课改校：江苏省盐城技师学院

　　　　广州市工贸技师学院

　　　　广州市白云工商技师学院

　　　　重庆市工贸高级技工学校

技术指导：李　宁

编　辑：丁　群

本书编审人员

主　编：刘春燕

副主编：黄　飚

参　编：祝　琳　胡博雅　谭安迪

主　审：刘正瑜

序

世界技能大赛由世界技能组织每两年举办一届，是迄今全球地位最高、规模最大、影响力最广的职业技能竞赛，被誉为"世界技能奥林匹克"。我国于 2010 年加入世界技能组织，先后参加了五届世界技能大赛，累计取得 36 金、29 银、20 铜和 58 个优胜奖的优异成绩。第 46 届世界技能大赛将在我国上海举办。2019 年 9 月，习近平总书记对我国选手在第 45 届世界技能大赛上取得佳绩作出重要指示，并强调，劳动者素质对一个国家、一个民族发展至关重要。技术工人队伍是支撑中国制造、中国创造的重要基础，对推动经济高质量发展具有重要作用。要健全技能人才培养、使用、评价、激励制度，大力发展技工教育，大规模开展职业技能培训，加快培养大批高素质劳动者和技术技能人才。要在全社会弘扬精益求精的工匠精神，激励广大青年走技能成才、技能报国之路。

为充分借鉴世界技能大赛先进理念、技术标准和评价体系，突出"高、精、尖、缺"导向，促进技工教育与世界先进标准接轨，完善我国技能人才培养模式，全面提升技能人才培养质量，人力资源社会保障部于 2019 年 4 月启动了世界技能大赛成果转化工作。根据成果转化工作方案，成立了由世界技能大赛中国集训基地、一体化课改学校，以及竞赛项目中国技术指导专家、企业专家、出版集团资深编辑组成的对接世界技能大赛技术标准深化专业课程改革工作小组，按照创新开发新专业、升级改造传统专业、深化一体化专业课程改革三种对接转化原则，以专业培养目标对接职业描述、专业课程对接世界技能标准、课程考核与评价对接评分方案等多种操作模式和路径，同时融入健康与安全、绿色与环保及可持续发展理念，开发与世界技能大赛项目对接的专业人才培养方案、教材及配套教学资源。首批对接 19 个世界技能大赛项目共 12 个专业的成果将于 2020—2021 年陆续出版，主要用于技工院校日常专业教学工作中，充分发挥世界技能大赛成果转化对技工院校技能人才的引领示范作用。在总结经验及调研的基础上选择新的对接项目，陆续启动第二批等世界技能大赛成果转化工作。

希望全国技工院校将对接世界技能大赛技术标准创新系列教材，作为深化专业课程建设、创新人才培养模式、提高人才培养质量的重要抓手，进一步推动教学改革，坚持高端引领，促进内涵发展，提升办学质量，为加快培养高水平的技能人才作出新的更大贡献！

2020 年 11 月

目　录

学习任务一
女衬衫制作

学习目标

1. 能严格遵守工作制度，服从工作安排，按照生产安全防护规定穿戴劳保服装，执行安全操作规程。

2. 能查阅女衬衫制作的相关资料，叙述各种常见女衬衫制作所用工具和设备的名称与功能，并正确操作。

3. 能识读女衬衫生产工艺单，明确工艺要求，叙述各种常见女衬衫的制作流程。

4. 能在教师指导下，制订女衬衫制作计划，并通过小组讨论做出决策。

5. 能准确核对女衬衫制作所需裁片和辅助制作样板的种类和数量，做出定位标记。

6. 能在教师指导下，完成各种常见女衬衫的制作。

7. 能叙述各种常见女衬衫质量检验的内容和要求。

8. 能按照企业标准（或参照世界技能大赛评分标准）进行质量检验，判断女衬衫是否合格。

9. 能清扫场地和机台，归置物品，填写设备使用记录。

10. 能展示女衬衫制作各阶段成果，并进行评价。

11. 能根据评价结果做出相应反馈。

12. 操作过程中严格遵守"8S"管理规定。

建议课时

24 学时。

学习任务描述

在服装企业的生产流水线上，制作女衬衫是常见任务。接到班组长安排的任务后，作业人员在车缝机位上，依据生产工艺单的具体要求，利用准备好的裁片，独立完成女衬衫裁片核对、制作定位、裁片缝制和质量检验工作，然后交由下一道工序的作业人员。

学习活动

女衬衫制作（24 学时）。

学习活动
女衬衫制作

🎯 学习目标

1. 能严格遵守工作制度，服从工作安排，按要求准备好女衬衫制作所需的工具、设备、材料与各项技术文件。

2. 能正确识读女衬衫制作各项技术文件，明确女衬衫制作的流程、方法和注意事项。

3. 能查阅相关技术资料，制订女衬衫制作计划，并在教师指导下，通过小组讨论做出决策。

4. 能依据技术文件要求，结合女衬衫制作规范，独立完成女衬衫的制作、检查与复核工作。

5. 能按照企业标准（或参照世界技能大赛评分标准）对女衬衫进行质量检验，并依据检验结果，将女衬衫各部位修改、调整到位。

6. 能记录女衬衫制作过程中的疑难点，通过小组讨论、合作探究或在教师的指导下，提出较为合理的解决办法。

7. 能展示、评价女衬衫制作阶段成果，并根据评价结果做出相应反馈。

一、学习准备

1. 准备服装制作学习工作室中的缝制设备与工具、整烫设备与工具。

2. 准备工作服、安全操作规程、女衬衫生产工艺单（见表1-1）、女衬衫缝制工艺相关学材。

3. 划分学习小组，填写小组编号表（见表1-2）。

表 1–1　　　　　　　　　　　　　女衬衫生产工艺单

款式名称	女衬衫	
款式图与说明	款式图	款式说明： （1）前片收腋下省、腰省，后片收腰省，钉扣6粒 （2）领型为一片式立翻领，缉0.5 cm明线 （3）袖型为一片式圆装袖，装袖头，钉扣1粒 （4）平下摆
工艺要求	（1）缝制采用11号机针，线迹密度为16～18针/3 cm，线迹松紧适度，且中间无跳线、断线、接线 （2）尺寸规格符合要求，衣长误差小于0.5 cm，领型误差小于0.1 cm，缉线宽度误差小于0.1 cm （3）衣料正反面、纱向识别无误，款式左右对称，无歪斜、吃皱、毛漏 （4）产品整洁，各部位熨烫平服，无线头、污渍、极光，无死痕、烫黄、变色 （5）采用黏合衬的部位不渗胶、脱胶 （6）领窝圆顺、无反翘，领角角度一致，左右驳头宽窄一致，领嘴大小对称 （7）衬衫绱袖圆顺，吃势均匀，两袖前后、长短一致，袖口宽窄一致，袖衩长短一致 （8）门襟长短一致，衬衫底摆包边平整且宽窄一致，底摆无扭曲 （9）衬衫侧缝线、袖窿线包缝宽窄一致，无漏缝，拷边宽窄、松紧均匀 （10）产品整洁、美观	
制作流程	核对裁片、标记定位→收省并熨烫定型→扣烫门里襟→肩缝拼合→做袖（袖衩、袖克夫）、装袖→做领、装领→缝合袖底缝、侧缝→卷底边（贴边缝）→钉扣、整烫、整理	
备注		

表 1–2　　　　　　　　　　　　　小组编号表

组号	组内成员及编号	组长姓名	组长编号	本人姓名	本人编号

提醒

请自查工作服是否穿戴好，然后仔细阅读张贴在墙上的安全操作规程，并摘录其要点。

_____

_____

_____

二、学习过程

（一）明确工作任务、获取相关信息

1. 知识学习

小贴士

衬衫是一种穿在内外上衣之间或单独穿用的上衣，男衬衫通常胸前有口袋，袖口有袖头。中国周朝已有衬衫，称中衣，后称中单。汉代称近身的衫为厕牏。宋代已用衬衫之名，现称之为中式衬衫。公元前16世纪古埃及第18王朝已有衬衫，是无领、袖的束腰衣。14世纪诺曼底人穿的衬衫有领和袖头。16世纪欧洲盛行在衬衫的领和前胸绣花，或在领口、袖口、胸前装饰花边。18世纪末，英国人穿硬高领衬衫。维多利亚女王时代，高领衬衫被淘汰，形成现代的立翻领西式衬衫。19世纪40年代，西式衬衫传入中国。衬衫最初多为男用，20世纪50年代后渐被女子采用，现成为常用服装之一。

衬衫有美式、法式、意式、英式多种风格。其中，法式衬衫是公认最为优雅高贵的衬衫，以漂亮的叠袖和袖扣著称。法式衬衫的领子后面有一个暗槽，可以插入特制的金属领撑，使领子保持挺直。这个精巧的做法不光在系领带的时候能使领子保持笔直，在不系领带的时候，也可以让领子成90°耸立，简洁整齐没有扣子的领子看起来非常舒服。特别指出的是，法式衬衫的领子比普通衬衫要高8 mm以上，这样才能充分展示这种领子特别的效果。

衬衫的质料以前多为白府绸，现在更多使用的确良、丝、纱和各类化纤。衬衫的类型有立领、大翻领、小翻领，女式衬衫也有圆领或秃领。一般来说，短袖女衬衫以秃领和圆领居多，长袖女衬衫则以小翻领为多。

讨论

粘衬对于女衬衫领部造型起到了什么作用？

_____

_____

_____

 引导问题

请在表1-3中填写图示女衬衫的类型。

表1-3 　　　　　　　　　　女衬衫类型识别表

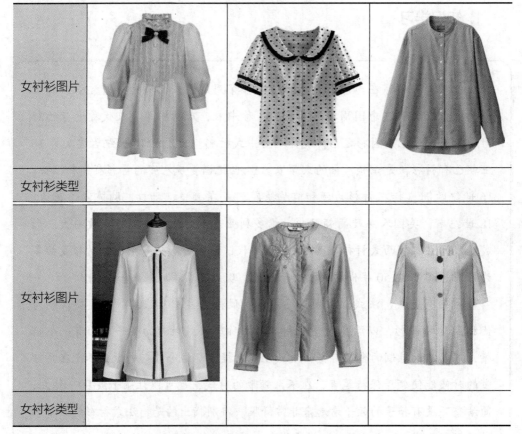

女衬衫图片			
女衬衫类型			
女衬衫图片			
女衬衫类型			

 引导评价、更正与完善

在教师引导下，对本阶段的学习活动成果进行自我和小组评价（100分制），之后独立用红笔进行更正和完善。

个人自评分	关键能力		小组评分	关键能力	
	专业能力			专业能力	

 世界技能大赛链接

　　女衬衫设计制作是世界技能大赛时装技术项目经常会测试的内容。第45届世界技能大赛时装技术项目国家集训队培训中，就要求选手在规定的时间内完成女衬衫设计制作，具体如图1-1所示。

图1-1　世界技能大赛选手备赛作品（女衬衫）

2. 学习检验

 引导问题

在教师引导下，独立完成表1-4的填写。

表1-4　　　　　　　　　　　任务与学习活动简要归纳表

本次任务名称	
本次任务的学习活动内容	
本次任务的工作流程	
本次任务的专业能力目标	
本次任务的关键能力目标	
本次学习活动名称	

续表

本次学习活动的专业能力目标	
本次学习活动的关键能力目标	
本次学习活动的主要内容	
本次学习活动中实现难度较大的目标	

 讨论

请仔细查看自己或同学身上穿的女衬衫，写出其属于哪种类型的女衬衫，分别由哪些衣片构成，写出衣片的数量及衣片名称。

_____

_____

引导评价、更正与完善

在教师讲评、引导的基础上，对本阶段的学习活动成果进行自我和小组评价（100 分制），之后独立用红笔进行更正和完善。

个人自评分	关键能力		小组评分	关键能力	
	专业能力			专业能力	

（二）制订女衬衫制作计划并决策

1. 知识学习

介绍制订计划的基本方法、内容和注意事项，重点围绕活动展开。

计划制订参考意见：整个工作的内容和目标是什么？整个工作分几步实施？过程中要注意什么？小组成员之间该如何配合？出现问题该如何处理？

2. 学习检验

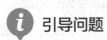 引导问题

（1）请简要写出本小组的工作计划。

_____

（2）你在制订计划的过程中承担了什么工作？有什么体会？

（3）教师对小组的计划提出了什么修改建议？为什么？

引导评价、更正与完善

在教师讲评、引导的基础上，对本阶段的学习活动成果进行自我和小组评价（100分制），之后独立用红笔进行更正和完善。

个人自评分	关键能力		小组评分	关键能力	
	专业能力			专业能力	

（三）女衬衫制作与检验

1. 知识学习与操作演示

（1）女衬衫款式图（见图1-2）及款式说明

图 1-2　女衬衫款式图

款式说明：

1）前片收腋下省、腰省，后片收腰省，钉扣 6 粒。

2）领型为一片式立翻领，缉 0.5 cm 明线。

3）袖型为一片式圆装袖，装袖头，钉扣 1 粒。

4）平下摆。

（2）女衬衫制作工艺流程

核对裁片、标记定位→收省并熨烫定型→扣烫门里襟→肩缝拼合→做袖（袖衩、袖克夫）、装袖→做领、装领→缝合袖底缝、侧缝→卷底边（贴边缝）→钉扣、整烫、整理。

（3）女衬衫缝制工艺

1）核对裁片、标记定位，如图 1-3 所示。

2）收省并熨烫定型。车缉前片侧胸省、后片腰省，从省根缉向省尖，省缝倒烫，如图 1-4 至图 1-7 所示。

3）扣烫门里襟。将前片反面朝上，贴边的毛边对齐止口线后进行折烫，熨烫完成后，压缉 0.1 cm 明线，如图 1-8 和图 1-9 所示。

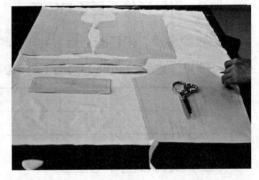

图 1-3　核对裁片、标记定位

4）肩缝拼合。采用暗包缝，如图 1-10 和图 1-11 所示。

5）做袖（袖衩、袖克夫）、装袖。剪开袖衩开口，扣烫袖衩，缝合袖衩，压缉 0.1 cm 明线；袖克夫粘衬缝制，翻烫袖克夫，两角熨烫方正，装袖采用暗包缝，如图 1-12、图 1-13 所示。

图 1-4　收省并熨烫定型 1

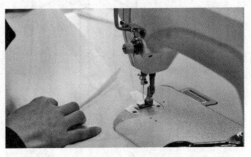

图 1-5　收省并熨烫定型 2

图1-6　收省并熨烫定型3

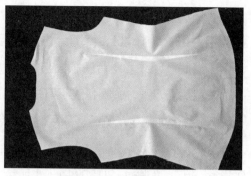

图1-7　收省并熨烫定型4

图1-8　扣烫门里襟1

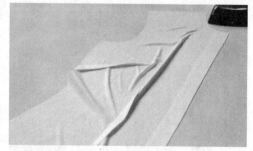

图1-9　扣烫门里襟2

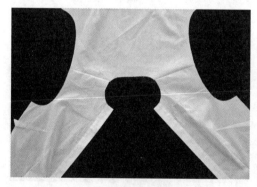

图1-10　肩缝拼合1

图1-11　肩缝拼合2

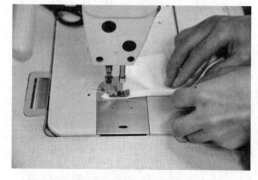

图1-12　做袖（袖衩、袖克夫）、装袖1

图1-13　做袖（袖衩、袖克夫）、装袖2

6）做领、装领。翻领、底领粘衬，借助辅助制作样板画出领片净粉线，翻领正面相对缉 1 cm 缝份，修剪缝份后翻至正面，压缉 0.5 cm 明线，缝合翻领、底领，压缉底领明线。缝合底领面与领圈，缝合时，要将底领面端点和衣片的止口对齐，注意对准刀眼，领圈弧线不可拉还口或抽紧，如图 1-14 至图 1-17 所示。

7）缝合袖底缝、侧缝。采用暗包缝缝合，如图 1-18 和图 1-19 所示。

8）卷底边（贴边缝）。门里襟对合，校对长短，贴边宽 0.6 cm，反面压缉 0.1 cm 止口，如图 1-20 和图 1-21 所示。

9）钉扣、整烫、整理，如图 1-22、图 1-23 所示。

图 1-14　做领、装领 1

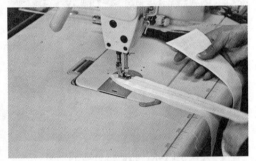

图 1-15　做领、装领 2

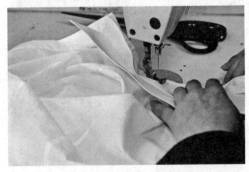

图 1-16　做领、装领 3

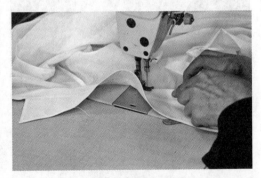

图 1-17　做领、装领 4

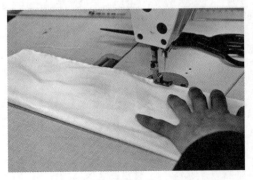

图 1-18　缝合袖底缝、侧缝 1

图 1-19　缝合袖底缝、侧缝 2

图 1-20　卷底边（贴边缝）1

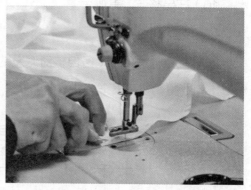
图 1-21　卷底边（贴边缝）2

图 1-22　钉扣、整烫、整理 1

图 1-23　钉扣、整烫、整理 2

（4）女衬衫制作工艺要求

1）缝制采用 11 号机针，线迹密度为 16 ~ 18 针 /3 cm，线迹松紧适度，且中间无跳线、断线、接线。

2）尺寸规格符合要求，衣长误差小于 0.5 cm，领型误差小于 0.1 cm，缉线宽度误差小于 0.1 cm。

3）衣料正反面、纱向识别无误，款式左右对称，无歪斜、吃皱、毛漏。

4）产品整洁，各部位熨烫平服，无线头、污渍、极光，无死痕、烫黄、变色。

5）采用黏合衬的部位不渗胶、脱胶。

6）领窝圆顺、无反翘，领角角度一致，左右驳头宽窄一致，领嘴大小对称。

7）衬衫绱袖圆顺，吃势均匀，两袖前后、长短一致，袖口宽窄一致，袖衩长短一致。

8）门襟长短一致，衬衫底摆包边平整且宽窄一致，底摆无扭曲。

9）衬衫侧缝线、袖窿线包缝宽窄一致，无漏缝，拷边宽窄、松紧均匀。

10）产品整洁、美观。

2. 技能训练

（1）在教师指导下，各自核对派发的材料种类（面料、里料、衬料、样板、辅料等）和数量，填在表1-5中。

表1-5　　　　　　　　　　材料种类与数量填写表

材料名称	无纺衬	有纺衬	女衬衫表布	纽扣	合色线	翻领样板
材料种类						
材料数量						

（2）根据女衬衫制作工艺流程和工艺要求，独立完成女衬衫的制作。

3. 学习检验

在教师示范指导下，完成女衬衫的车缝与整烫，并独立回答以下问题。

（1）在制作衬衫领时，怎样才能做好面、里的里外匀，确保领角不反翘？

_____

_____

（2）压缉领面时，为什么不能回针？

_____

_____

（3）在扣烫女衬衫净样和成品整烫时，为什么熨烫前要先取一小块与衣物相同的面料试烫，再正式熨烫，而且要尽量减少正面熨烫？

_____

_____

 检验修正

在教师指导下，参照世界技能大赛评分标准完成女衬衫的质量检验，并独立填写表1-6，写出封样意见，然后对照封样意见，将女衬衫修改、调整到位。

以小组为单位，集中完成表1-7的填写。

表1-6 　　女衬衫制作评分表（参照世界技能大赛评分标准）

序号	分值	评分内容	评分标准	得分
1	15	完成度：按照工艺要求，女衬衫制作完成	完成得分，未完成不得分	
2	15	整洁度：外观干净整洁，无脏斑，无过度熨烫，无熨烫不足，无线头，无破损	有一处不符扣5分，扣完为止	
3	20	规格：尺寸规格达到要求，衣长误差小于0.5 cm，领型误差小于0.1 cm，缉线宽度误差小于0.1 cm	有一处不符扣5分，扣完为止	
4	10	裁片丝缕：裁片丝缕准确，如果面料有条格，需对条、对格	有一处不符扣5分，扣完为止	
5	10	线迹：线迹密度为16～18针/3 cm，误差为2针/3 cm，线迹松紧适度，且中间无跳线、断线、接线	有一处不符扣5分，扣完为止	
6	20	外观：产品整洁，各部位熨烫平服，无线头、污渍、极光，无死痕、烫黄、变色，领窝圆顺、无反翘，领角角度一致	有一处不符扣5分，扣完为止	
7	10	工作区整洁：工作结束后，给每位学生的工作区拍照，作为评分依据。要求工作结束后，工作区要整理干净，并关闭机器和设备电源	有一次不整理扣5分，扣完为止	
合计得分				

表1-7 　　　　　　　设备使用记录表

使用设备名称	是否正常使用	
	是	否，是如何处理的?
裁剪设备		
缝制设备		
整烫设备		

 封样意见

引导评价、更正与完善

在教师讲评、引导的基础上，对本阶段的学习活动成果进行自我和小组评价（100分制），之后独立用红笔进行更正和完善。

个人自评分	关键能力		小组评分	关键能力	
	专业能力			专业能力	

（四）成果展示与评价反馈

1. 知识学习

学习展示的基本方法、评价的标准和方法。

（1）展示的基本方法：平面展示、人台展示、其他展示。女衬衫建议在干净的工作台上进行平面展示。

（2）评价的标准：对照表1-6。

（3）评价的方法：目测、测量、比对、校验等。

2. 技能训练

 实践

（1）平面展示。

（2）人台展示。

（3）其他展示。

3. 学习检验

引导问题

（1）在教师指导下，在小组内进行作品展示，然后经由小组讨论，推选出一组最佳作品进行全班展示与评价，并由组长简要介绍推选的理由，小组其他成员做补充并记录。

小组最佳作品制作人：＿＿＿＿＿＿＿＿＿＿

推选理由：＿＿＿＿＿＿＿＿＿＿＿＿＿＿＿＿＿＿＿＿

＿＿＿＿＿＿＿＿＿＿＿＿＿＿＿＿＿＿＿＿＿＿＿＿＿＿＿＿

其他小组评价意见：＿＿＿＿＿＿＿＿＿＿＿＿＿＿＿＿

教师评价意见：＿＿＿＿＿＿＿＿＿＿＿＿＿＿＿＿＿＿

（2）将本次学习活动出现的问题及其产生的原因和解决的办法填写在表 1-8 中。

表 1-8　　　　　　　　　　　　　问题分析表

出现的问题	产生的原因	解决的办法
1.		
2.		
3.		
n		

自我评价

（3）本次学习活动中自己最满意的地方和最不满意的地方各列举两点，并简要说明原因，然后完成表 1-9 中相关内容的填写。

最满意的地方：_____

最不满意的地方：_____

表 1-9　　　　　　　　　　　　学习活动考核评价表

学习活动名称：__女衬衫制作__

班级：　　　　　学号：　　　　　姓名：　　　　　指导教师：

评价项目	评价标准	评价依据（信息、佐证）	评价方式			权重	得分小计	总分
			自我评价	小组评价	教师（企业）评价			
			10%	20%	70%			
关键能力	1. 能穿戴劳保服装，执行安全操作规程 2. 能参与小组讨论，制订计划，相互交流与评价 3. 能积极主动、勤学好问 4. 能清晰、准确表达，与相关人员进行有效沟通 5. 能清扫场地和机台，归置物品，填写设备使用记录	1. 课堂表现 2. 工作页填写				40%		

续表

评价项目	评价标准	评价依据（信息、佐证）	评价方式			权重	得分小计	总分
			自我评价	小组评价	教师（企业）评价			
			10%	20%	70%			
专业能力	1. 能区分不同的女衬衫类型 2. 能叙述女衬衫制作所用工具和设备的名称与功能 3. 能识读女衬衫生产工艺单，明确工艺要求，叙述其制作流程 4. 能在教师指导下，完成女衬衫制作的全过程 5. 能按照企业标准（或世界技能大赛评分标准）对女衬衫进行正确检验，并进行展示	1. 课堂表现 2. 工作页填写 3. 提交的作品				60%		
指导教师综合评价								
	指导教师签名：					日期：		

三、学习拓展

说明：本阶段学习拓展建议课时为 2～4 学时，要求学生在课后独立完成。教师可根据本校的教学需要和学生的实际情况，选择部分或全部进行实践，也可另行选择相关拓展内容，亦可不实施本学习拓展，将所需课时用于学习过程阶段实践内容的强化。

拓展

1. 在教师指导下，通过小组讨论交流，完成图 1-24 所示女衬衫的制作。

图 1-24　女衬衫

📁 查询与收集

2. 查阅相关学材或企业生产工艺单，选择 1 ~ 2 个关于女衬衫制作的工艺单，摘录其工艺要求和制作流程。

学习任务二
连衣裙制作

学习目标

1. 能严格遵守工作制度，服从工作安排，按照生产安全防护规定穿戴劳保服装，执行安全操作规程。

2. 能查阅连衣裙制作的相关资料，叙述各种常见连衣裙制作所用工具和设备的名称与功能，并正确操作。

3. 能识读连衣裙生产工艺单，明确工艺要求，叙述各种常见连衣裙的制作流程。

4. 能在教师指导下，制订连衣裙制作计划，并通过小组讨论做出决策。

5. 能准确核对连衣裙制作所需裁片和辅助制作样板的种类和数量，做出定位标记。

6. 能在教师指导下，完成各种常见连衣裙的制作。

7. 能叙述各种常见连衣裙质量检验的内容和要求。

8. 能按照企业标准（或参照世界技能大赛评分标准）进行质量检验，判断连衣裙是否合格。

9. 能清扫场地和机台，归置物品，填写设备使用记录。

10. 能展示连衣裙制作各阶段成果，并进行评价。

11. 能根据评价结果做出相应反馈。

12. 操作过程中严格遵守"8S"管理规定。

建议课时

28 学时。

学习任务描述

在服装企业的生产流水线上，制作连衣裙是常见任务。接到班组长安排的任务后，作业人员在车缝机位上，依据生产工艺单的具体要求，利用准备好的裁片，独立完成连衣裙裁片核对、制作定位、裁片缝制和质量检验工作，然后交由下一道工序的作业人员。

学习活动

连衣裙制作（28 学时）。

学习活动
连衣裙制作

🎯 学习目标

1. 能严格遵守工作制度，服从工作安排，按要求准备好连衣裙成品制作所需的工具、设备、材料与各项技术文件。

2. 能正确识读连衣裙成品制作各项技术文件，明确连衣裙成品制作的流程、方法和注意事项。

3. 能查阅相关技术资料，制订连衣裙制作计划，并在教师指导下，通过小组讨论做出决策。

4. 能依据技术文件要求，结合连衣裙成品制作规范，独立完成连衣裙成品的制作、检查与复核工作。

5. 能按照企业标准（或参照世界技能大赛评分标准）对连衣裙成品进行质量检验，并依据检验结果，将连衣裙成品修改调整到位。

6. 能记录连衣裙成品制作过程中的疑难点，通过小组讨论、合作探究或在教师的指导下，提出较为合理的解决办法。

7. 能展示、评价连衣裙成品制作阶段成果，并根据评价结果，做出相应反馈。

一、学习准备

1. 准备服装制作学习工作室中的缝制设备与工具、整烫设备与工具。

2. 准备工作服、安全操作规程、连衣裙生产工艺单（见表2-1）、连衣裙缝制工艺相关学材。

3. 划分学习小组，填写小组编号表（见表2-2）。

表 2-1　　　　　　　　　　　连衣裙生产工艺单

款式名称	连衣裙	
款式图与说明	 款式图	款式说明： （1）合体剪接式连衣裙，无袖，圆领 （2）前片收腋下省、腰省，后片两侧各收一个腰省 （3）后中缝绱隐形拉链 （4）裙摆呈"A"字形
工艺要求	（1）缝制采用 11 号机针，线迹密度为 16～18 针 /3 cm，线迹松紧适度，采用涤棉配色线，且中间无跳线、断线、接线 （2）尺寸规格达到要求，裙长、腰围误差小于 1 cm，臀围误差小于 2 cm，后裙衩长误差小于 0.5 cm，腰宽误差小于 0.2 cm （3）拉链平服，不外露 （4）面、里松紧适宜，不起吊 （5）熨烫平服，无烫焦、烫黄现象 （6）领口、袖口边缘处理恰当，车缝圆顺，无反吐 （7）缝份、压线部位不可起皱 （8）产品整洁、美观，无污渍、水花、线头	
制作流程	核对裁片，做缝制标记→缝合省缝→烫省缝并归拔上衣和下裙→缝合上衣和下裙→装后中缝隐形拉链→缝合侧缝→拷边→袖口包边→领口包边→缉裙摆底边→整烫、检验	
检验要求	（1）检验成衣是否有遗漏工序 （2）检验成衣是否有污迹、瑕疵 （3）检验成衣的各部分尺寸是否正确，有无超出公差范围	

表 2-2　　　　　　　　　　　小组编号表

组号	组内成员及编号	组长姓名	组长编号	本人姓名	本人编号

> **提醒**
>
> 请自查工作服是否穿戴好，然后仔细阅读张贴在墙上的安全操作规程，并摘录其要点。
>
> _____
>
> _____
>
> _____

二、学习过程

（一）明确工作任务、获取相关信息

1. 知识学习

> **小贴士**
>
> 连衣裙自古以来都是最常用的服装之一。中国先秦时代上衣与下裳相连的深衣，元代的质孙服，古埃及、古希腊及两河流域的束腰衣，都具有连衣裙的基本形制，男女均可穿着，仅在具体细节上有所区别。在欧洲，到第一次世界大战前，妇女的主流服装一直是连衣裙，并作为出席各种礼仪场合的正式服装。第一次世界大战后，由于女性越来越多地参与社会工作，衣服的种类不再局限于连衣裙，但连衣裙仍然是一种重要的服装，女式礼服大多还是以连衣裙的形式出现。整体来说，连衣裙的样式在中国古代较为少见。近代，西式连衣裙传入中国，成为中国女性常穿着的服装之一。随着时代的发展，连衣裙的种类也越来越多。

引导问题

请在表 2-3 中填写图示连衣裙的类型。

表 2-3　　　　　　　　　　　　　连衣裙类型识别表

连衣裙图片			
连衣裙类型 （按款式廓 形分类）			
连衣裙图片			
连衣裙类型 （按面料类 型分类）			

引导评价、更正与完善

在教师引导下，对本阶段的学习活动成果进行自我和小组评价（100 分制），之后独立用红笔进行更正和完善。

个人自评分	关键能力		小组评分	关键能力	
	专业能力			专业能力	

世界技能大赛链接

连衣裙设计制作是世界技能大赛时装技术项目经常会测试的内容。第 45 届世界技能大赛时装技术项目国家集训队全国选拔赛第二名选手刘子靖的备赛作品如图 2-1 所示。

图 2-1　世界技能大赛选手备赛作品（连衣裙）

2. 学习检验

 引导问题

在教师的引导下，独立完成表 2-4 的填写。

表 2-4　　　　　　　　任务与学习活动简要归纳表

本次任务名称	
本次任务的学习活动内容	
本次任务的工作流程	
本次任务的专业能力目标	
本次任务的关键能力目标	

续表

本次学习活动名称	
本次学习活动的 专业能力目标	
本次学习活动的 关键能力目标	
本次学习活动的主要内容	
本次学习活动中实现 难度较大的目标	

 讨论

　　仔细查看自己或同学身上穿的连衣裙，写出其属于哪种类型的连衣裙；通过亲自实践，印证不同连衣裙给人的不同体验，并进行小组讨论，然后各自简要写出讨论的结果。

引导评价、更正与完善

　　在教师讲评、引导的基础上，对本阶段的学习活动成果进行自我和小组评价（100 分制），之后独立用红笔进行更正和完善。

个人自评分	关键能力		小组评分	关键能力	
	专业能力			专业能力	

（二）制订连衣裙制作计划并决策

1. 知识学习

　　介绍制订计划的基本方法、内容和注意事项，重点围绕活动展开。

　　计划制订参考意见：整个工作的内容和目标是什么？整个工作分几步实施？过程中要注意什么？小组成员之间该如何配合？出现问题该如何处理？

2. 学习检验

引导问题

（1）请简要写出本小组的工作计划。

_____

_____

_____

（2）你在制订计划的过程中承担了什么工作？有什么体会？

_____

_____

_____

（3）教师对小组的计划提出了什么修改建议？为什么？

_____

_____

_____

（4）你认为计划中哪些地方比较难实施？为什么？你有什么想法？

_____

_____

_____

（5）小组最终做出了什么决定？是如何做出的？

_____

_____

_____

引导评价、更正与完善

在教师讲评、引导的基础上，对本阶段的学习活动成果进行自我和小组评价（100 分制），之后独立用红笔进行更正和完善。

个人自评分	关键能力		小组评分	关键能力	
	专业能力			专业能力	

（三）连衣裙制作与检验

1. 知识学习与操作演示

（1）连衣裙款式图（见图 2-2）及款式说明

图 2-2　连衣裙款式图

款式说明：

1）合体剪接式连衣裙，无袖，圆领。

2）前片收腋下省、腰省，后片两侧各收一个腰省。

3）后中缝绱隐形拉链。

4）裙摆呈"A"字形。

（2）连衣裙制作工艺流程

核对裁片，做缝制标记→缝合省缝→烫省缝并归拔上衣和下裙→缝合上衣和下裙→装后中缝隐形拉链→缝合侧缝→拷边→袖口包边→领口包边→缉裙摆底边→整烫、检验。

（3）连衣裙缝制工艺

1）核对裁片，做缝制标记，如图 2-3 所示。

2）缝合省缝。缝合前衣片侧胸省、腰省，缝合前后裙片腰省，如图 2-4、图 2-5 所示。

3）烫省缝并归拔上衣和下裙，如图 2-6 所示。

图 2-3　核对裁片，做缝制标记

图 2-4　缝合省缝 1

图 2-5　缝合省缝 2

图 2-6　烫省缝并归拔上衣和下裙

4）缝合上衣和下裙。衣片在上，裙片在下，上下两层省缝对齐缝合，如图2-7和图2-8所示。

图2-7　缝合上衣和下裙1

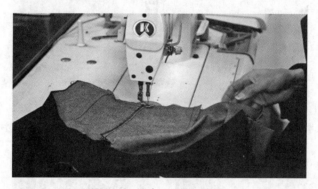

图2-8　缝合上衣和下裙2

5）装后中缝隐形拉链。按净缝先用手缝针把拉链固定在衣片上，做好对位标记后再装隐形拉链，如图2-9至图2-12所示。

6）缝合侧缝。缝合侧缝时注意对十字缝，前后衣裙片正面相对缝合，如图2-13所示。

图2-9　装后中缝隐形拉链1

图 2-10　装后中缝隐形拉链 2

图 2-11　装后中缝隐形拉链 3

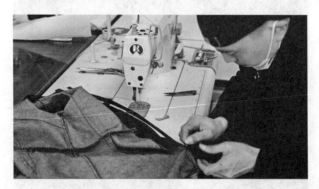

图 2-12　装后中缝隐形拉链 4

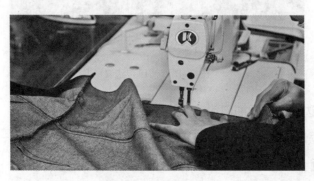

图 2-13　缝合侧缝

7）拷边。把缝合好的裙侧缝进行拷边处理，如图 2-14 所示。

图 2-14　拷边

8）袖口包边。将包边布折烫三等份，与衣身正面相对放置，近袖下因弯曲度大，应将包边布放松，如图 2-15 和图 2-16 所示。

图 2-15　袖口包边 1

图 2-16　袖口包边 2

9）领口包边。方法同袖口包边，如图 2-17 所示。

10）缉裙摆底边。下摆缝份以二折三层法车缝，先折烫 0.5 ~ 0.7 cm，再卷 1 cm，反面压缝 0.1 cm，如图 2-18 所示。

11）整烫、检验。剪净线头，用熨斗进行熨烫整型并检验，如图 2-19 所示。

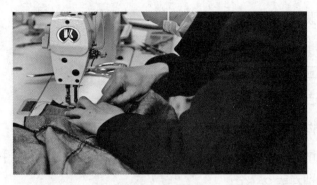

图 2-17　领口包边

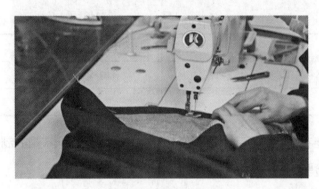

图 2-18　缉裙摆底边

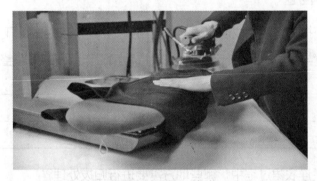

图 2-19　整烫、检验

（4）连衣裙制作工艺要求

1）缝制采用 11 号机针，线迹密度为 16 ~ 18 针 /3 cm，线迹松紧适度，采用涤棉配色线，且中间无跳线、断线、接线。

2）尺寸规格达到要求，裙长、腰围误差小于 1 cm，臀围误差小于 2 cm，后裙衩长误差小于 0.5 cm，腰宽误差小于 0.2 cm。

3）拉链平服，不外露。

4）面、里松紧适宜，不起吊。

5）熨烫平服，无烫焦、烫黄现象。

6）领口、袖口边缘处理恰当，车缝圆顺，无反吐。

7）缝份、压线部位不可起皱。

8）产品整洁、美观，无污渍、水花、线头。

2. 技能训练

（1）在教师指导下，各自核对派发的材料种类（面料、里料、衬料、样板、辅料等）和数量，填在表2-5中。

表2-5　　　　　　　　　材料种类与数量填写表

材料名称	嵌条	连衣裙表布	连衣裙里布	隐形拉链	连衣裙样板
材料种类					
材料数量					

（2）根据连衣裙制作工艺流程和工艺要求，独立完成连衣裙的制作。

3. 学习检验

 引导问题

在教师示范指导下，完成连衣裙的车缝与整烫，并独立回答以下问题。

（1）在车缝与整烫时，为什么要始终保持手和工作台面的干净整洁？

_____

_____

_____

（2）在整烫连衣裙过程中，哪些地方需要进行归拔处理？

_____

_____

_____

 检验修正

（1）在教师指导下，参照世界技能大赛评分标准完成连衣裙的质量检验，并独立填写表2-6，写出封样意见，然后对照封样意见，将连衣裙修改、调整到位。

（2）以小组为单位，集中填写表2-7。

表 2-6　　　　　　　连衣裙制作评分表（参照世界技能大赛评分标准）

序号	分值	评分内容	评分标准	得分
1	15	完成度：按照工艺要求，完成连衣裙制作	完成得分，未完成不得分	
2	15	整洁度：外观干净整洁，无脏斑，无过度熨烫，无熨烫不足，无线头，无破损	有一处不符扣5分，扣完为止	
3	20	规格：尺寸规格达到要求，裙长、腰围误差小于1 cm，臀围误差小于2 cm，后裙衩误差小于0.5 cm，腰宽误差小于0.2 cm	有一处不符扣5分，扣完为止	
4	10	裁片丝缕：裁片丝缕准确，面料有条格时，需对条、对格	有一处不符扣5分，扣完为止	
5	10	线迹：线迹密度为16～18针/3 cm，误差为2针/3 cm，线迹松紧适度，且中间无跳线、断线、接线	有一处不符扣5分，扣完为止	
6	20	外观：裁片无歪斜、吃皱、毛漏	有一处不符扣5分，扣完为止	
7	10	工作区整洁：工作结束后，给每位选手的工作区拍照，作为评分依据。要求工作结束后，工作区要整理干净，并关闭机器和设备电源	有一次不整理扣5分，扣完为止	
		合计得分		

表 2-7　　　　　　　设备使用记录表

使用设备名称	是否正常使用	
	是	否，是如何处理的？
裁剪设备		
缝制设备		
整烫设备		

 封样意见

引导评价、更正与完善

在教师讲评、引导的基础上，对本阶段的学习活动成果进行自我和小组评价（100 分制），之后独立用红笔进行更正和完善。

个人自评分	关键能力		小组评分	关键能力	
	专业能力			专业能力	

（四）成果展示与评价反馈

1. 知识学习

学习展示的基本方法、评价的标准和方法。

（1）展示的基本方法：平面展示、人台展示、其他展示。连衣裙建议在干净的工作台上进行平面展示。

（2）评价的标准：对照表 2-6。

（3）评价的方法：目测、测量、比对、校验等。

2. 技能训练

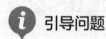 实践

（1）平面展示。

（2）人台展示。

（3）其他展示。

3. 学习检验

 引导问题

（1）在教师指导下，在小组内进行作品展示，然后经由小组讨论，推选出一组最佳作品进行全班展示与评价，并由组长简要介绍推选的理由，小组其他成员做补充并记录。

小组最佳作品制作人：＿＿＿＿＿＿＿＿＿

推选理由：＿＿＿＿＿＿＿＿＿＿＿＿＿＿＿＿＿＿＿＿＿＿＿

＿＿＿＿＿＿＿＿＿＿＿＿＿＿＿＿＿＿＿＿＿＿＿＿＿＿＿＿＿＿＿

其他小组评价意见：＿＿＿＿＿＿＿＿＿＿＿＿＿＿＿＿＿＿＿＿

教师评价意见：＿＿＿＿＿＿＿＿＿＿＿＿＿＿＿＿＿＿＿＿＿

（2）将本次学习活动出现的问题及其产生的原因和解决的办法填写在表 2-8 中。

表 2-8　　　　　　　　　　　问题分析表

出现的问题	产生的原因	解决的办法
1.		
2.		
3.		
n		

自我评价

（3）本次学习活动中自己最满意的地方和最不满意的地方各列举两点，并简要说明原因，然后完成表 2-9 中相关内容的填写。

最满意的地方：_____

最不满意的地方：_____

表 2-9　　　　　　　　　　学习活动考核评价表

学习活动名称：＿＿连衣裙制作＿＿

班级：　　　　　　学号：　　　　　　姓名：　　　　　　指导教师：

评价项目	评价标准	评价依据（信息、佐证）	评价方式			权重	得分小计	总分
			自我评价	小组评价	教师（企业）评价			
			10%	20%	70%			
关键能力	1. 能穿戴劳保服装，执行安全操作规程 2. 能参与小组讨论，制订计划，相互交流与评价 3. 能积极主动、勤学好问 4. 能清晰、准确表达，与相关人员进行有效沟通 5. 能清扫场地和机台，归置物品，填写设备使用记录	1. 课堂表现 2. 工作页填写				40%		

续表

评价项目	评价标准	评价依据（信息、佐证）	评价方式			权重	得分小计	总分
			自我评价	小组评价	教师（企业）评价			
			10%	20%	70%			
专业能力	1. 能区分不同的连衣裙类型 2. 能叙述连衣裙制作所用工具和设备的名称与功能 3. 能识读连衣裙生产工艺单，明确工艺要求，叙述其制作流程 4. 能在教师指导下，完成连衣裙制作的全过程 5. 能按照企业标准（或世界技能大赛评分标准）对连衣裙进行正确检验，并进行展示	1. 课堂表现 2. 工作页填写 3. 提交的作品				60%		
指导教师综合评价								
	指导教师签名：				日期：			

三、学习拓展

说明：本阶段学习拓展建议课时为 2～4 学时，要求学生在课后独立完成。教师可根据本校的教学需要和学生的实际情况，选择部分或全部进行实践，也可另行选择相关拓展内容，亦可不实施本学习拓展，将所需课时用于学习过程阶段实践内容的强化。

拓展

1. 在教师指导下，通过小组讨论交流，完成图 2-20 所示连衣裙的制作。

图 2-20　连衣裙

🔍 查询与收集

2. 查阅相关学材或企业生产工艺单，选择 1 ～ 2 个关于连衣裙制作的工艺单，摘录其工艺要求和制作流程。

（1）

（2）

学习任务三
男西裤制作

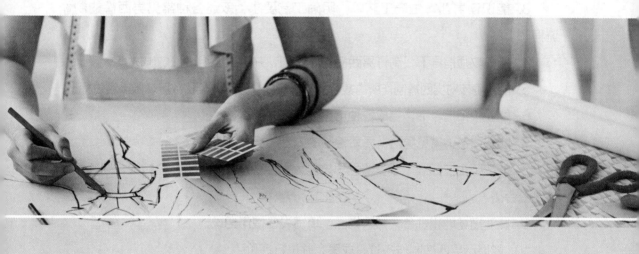

学习目标

1. 能严格遵守工作制度，服从工作安排，按照生产安全防护规定穿戴劳保服装，执行安全操作规程。

2. 能查阅男西裤制作的相关资料，叙述各种常见男西裤制作所用工具和设备的名称与功能，并正确操作。

3. 能识读男西裤生产工艺单，明确工艺要求，叙述各种常见男西裤的制作流程。

4. 能在教师指导下，制订男西裤制作计划，并通过小组讨论做出决策。

5. 能准确核对男西裤制作所需裁片和辅助制作样板的种类和数量，做出定位标记。

6. 能在教师指导下，完成各种常见男西裤的制作。

7. 能叙述各种常见男西裤质量检验的内容和要求。

8. 能按照企业标准（或参照世界技能大赛评分标准）进行质量检验，判断男西裤是否合格。

9. 能清扫场地和机台，归置物品，填写设备使用记录。

10. 能展示男西裤制作各阶段成果，并进行评价。

11. 能根据评价结果做出相应反馈。

12. 操作过程中严格遵守"8S"管理规定。

建议课时

38 学时。

学习任务描述

在服装企业的生产流水线上，制作男西裤是一个常见任务。接到班组长安排的任务后，作业人员在车缝机位上，依据生产工艺单的具体要求，利用准备好的裁片，独立完成男西裤裁片核对、制作定位、裁片缝制和质量检验工作，然后交由下一道工序的作业人员。

学习活动

男西裤制作（38 学时）。

学习活动
男西裤制作

🎯 学习目标

1. 能严格遵守工作制度，服从工作安排，按要求准备好男西裤制作所需的工具、设备、材料与各项技术文件。

2. 能正确识读男西裤制作各项技术文件，明确男西裤制作的流程、方法和注意事项。

3. 能查阅相关技术资料，制订男西裤制作计划，并在教师指导下，通过小组讨论做出决策。

4. 能依据技术文件要求，结合男西裤制作规范，独立完成男西裤的制作、检查与复核工作。

5. 能按照企业标准（或参照世界技能大赛评分标准）对男西裤进行质量检验，并依据检验结果，将男西裤成品修改、调整到位。

6. 能记录男西裤制作过程中的疑难点，通过小组讨论、合作探究或在教师的指导下，提出较为合理的解决办法。

7. 能展示、评价男西裤制作阶段成果，并根据评价结果，做出相应反馈。

一、学习准备

1. 准备服装制作学习工作室中的缝制设备与工具、整烫设备和工具。

2. 准备工作服、安全操作规程、男西裤生产工艺单（见表3-1）、男西裤缝制工艺相关学材。

3. 划分学习小组，填写小组编号表（见表3-2）。

表 3-1 男西裤生产工艺单

款式名称	男西裤	
款式图与说明	款式图	款式说明： （1）装腰头、6只裤襻，前门探头锁眼、里襟钉扣，前门襟装拉链，侧缝斜插袋左右各一 （2）后裤片腰口左右各收省一只，后裤片臀部左右挖双嵌线袋并锁眼、钉扣 （3）平脚口
工艺要求	（1）缝制采用11号机针，线迹密度为16～18针/3cm，线迹松紧适度，中间无跳线、断线、接线 （2）口袋位对称，前袋口不拉抻，明线无接线，后袋口四角方正、无毛漏 （3）侧缝合缝顺直，缝份一致，吃缝均匀 （4）拉链平整、不外露 （5）腰口平服 （6）熨烫平服，无烫黄、变色，无水渍、污渍，无破损 （7）裤口撬线松紧适度 （8）产品整洁、美观	
制作流程	粘衬→锁边→做斜插袋→收后腰省、烫省→双嵌线后挖袋→缝合侧缝、内裆缝→做里襟→做裆弯垫布、做裤襻→缝合前后裆弯、缝合下裆缝、装门襟拉链→装里襟、装裆弯垫布→做腰头、装腰头、装串带袢→缲脚口贴边→整烫	
备注		

表 3-2 小组编号表

组号	组内成员及编号	组长姓名	组长编号	本人姓名	本人编号

提醒

请写出完成男西裤制作需要准备的专业工具和面辅料，并自查工具是否带齐。

_____

_____

_____

二、学习过程

（一）明确工作任务、获取相关信息

1. 知识学习

小贴士

裤装的穿着范围广泛，是下装的主要形式之一，它与裙装的最大区别在于裤装有裆缝。近年来，男裤款式细节设计灵活多样，造型结构变化大，比较时尚的男裤裤型有中腰直筒裤、中腰小脚裤、微吊裆小脚裤、吊裆小脚裤、瘦腿裤、现代工装裤等。男裤设计线条多采用符合人体曲度的结构线；工艺要求精致简练，较多运用装饰性、功能性的辅料；面料通常选择朴实质地，以棉、麻、锦棉、针织、精纺类为主。男裤的种类可以从设计功能、造型样式、穿着形态等多种角度加以区分。从设计功能角度可以分为西裤、休闲裤、运动裤、内裤等，从造型样式角度可以分为长裤与短裤等，从穿着形态角度可以分为紧身裤、合体裤与宽松裤。

引导问题

在表 3-3 中填写图示裤装的类型。

表 3-3   裤装类型识别表

裤装图片		
裤装类型		
裤装图片		
裤装类型		
裤装图片		
裤装类型		

引导评价、更正与完善

在教师引导下，对本阶段的学习活动成果进行自我和小组评价（100 分制），之后独立用红笔进行更正和完善。

个人自评分	关键能力		小组评分	关键能力	
	专业能力			专业能力	

2. 学习检验

 引导问题

在教师的引导下，独立完成表 3-4 的填写。

表 3-4　　　　　　　　任务与学习活动简要归纳表

本次任务名称	
本次任务的学习活动内容	
本次任务的工作流程	
本次任务的专业能力目标	
本次任务的关键能力目标	
本次学习活动名称	
本次学习活动的专业能力目标	
本次学习活动的关键能力目标	
本次学习活动的主要内容	
本次学习活动中实现难度较大的目标	

讨论

仔细查看自己或同学身上穿的裤装，写出其属于哪种类型的裤装，并通过小组观察讨论，分析小组其他成员的裤装类型。

_____

_____

_____

引导评价、更正与完善

在教师讲评、引导的基础上，对本阶段的学习活动成果进行自我和小组评价（100 分制），之后独立用红笔进行更正和完善。

个人自评分	关键能力		小组评分	关键能力	
	专业能力			专业能力	

（二）制订男西裤制作计划并决策

1. 知识学习

介绍制订计划的基本方法、内容和注意事项，重点围绕活动展开。

计划制订参考意见：整个工作的内容和目标是什么？整个工作分几步实施？过程中要注意什么？小组成员之间该如何配合？出现问题该如何处理？

2. 学习检验

i 引导问题

（1）请简要写出本小组的工作计划。

_____

_____

_____

（2）你在制订计划的过程中承担了什么工作？有什么体会？

_____

_____

_____

（3）教师对小组的计划提出了什么修改建议？为什么？

_____

_____

_____

（4）你认为计划中哪些地方比较难实施？为什么？你有什么想法？

_____

（5）小组最终做出了什么决定？是如何做出的？

 引导评价、更正与完善

在教师讲评、引导的基础上，对本阶段的学习活动成果进行自我和小组评价（100分制），之后独立用红笔进行更正和完善。

个人自评分	关键能力		小组评分	关键能力	
	专业能力			专业能力	

（三）男西裤制作与检验

1. 知识学习与操作演示

（1）男西裤款式图（见图3-1）及款式说明

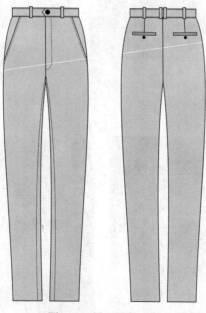

图3-1　男西裤款式图

款式说明：

1）装腰头、6只裤襻，前门探头锁眼、里襟钉扣，前门襟装拉链，侧缝斜插袋左右各一。

2）后裤片腰口左右各收省一只，后裤片臀部左右挖双嵌线袋并锁眼、钉扣。

3）平脚口。

（2）男西裤制作工艺流程

粘衬→锁边→做斜插袋→收后腰省、烫省→双嵌线后挖袋→缝合侧缝、内裆缝→做里襟→做裆弯垫布、做裤襻→缝合前后裆弯、缝合下裆缝、装门襟拉链→装里襟、装裆弯垫布→做腰头、装腰头、装串带祥→缲脚口贴边→整烫。

（3）男西裤缝制工艺

1）粘衬。门襟、里襟的反面粘衬，斜袋贴的反面粘1cm宽的纤条，嵌线条、后片袋位的反面粘衬，腰面反面粘腰头衬，如图3-2、图3-3和图3-4所示。

2）锁边。前、后裤片除腰口缝、斜袋位外其余都锁边，门襟外口锁边，里襟里口锁边，斜袋垫、前斜袋贴锁边，嵌线条、后袋垫锁一边，如图3-5所示。

图3-2　粘衬1

图3-3　粘衬2

图3-4　粘衬3

图3-5　锁边

3）做斜插袋。做斜插袋如图 3-6 至图 3-9 所示，具体流程如下：

图 3-6　做斜插袋 1　　　　　　　　　图 3-7　做斜插袋 2

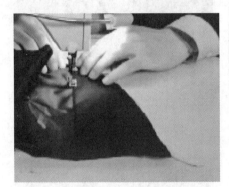

图 3-8　做斜插袋 3　　　　　　　　　图 3-9　做斜插袋 4

①袋垫布放在下层袋布上，距边缘 1 cm，用 0.5 cm 的缝份将它缉缝在下层袋布上，注意下端留 1 cm，不要缉住。

②将上层袋布放下层、袋贴布放上层、前裤片放中间，三层对齐，用 1 cm 的缝份缉住；沿袋口斜线在袋贴布上缉压 0.1 cm 的明线，用 0.5 cm 的缝份把袋贴固定在袋布上。

③将三层一起翻转至反面并熨烫平服，沿斜袋口缉压 0.6 cm 的明线。点画出袋垫布上对位粉印，掀开下层袋布，固定斜袋口两端。

④按中心线对折，正面相对，用 0.4 cm 的缝份将袋底缝合，距袋口 2 cm 不缝合，强调回针；翻转袋布并整理平服。

⑤缝合侧缝：校准好袋垫宽度和斜袋口长度，用画粉印做好记号；将下层袋布掀起，把前、后片侧缝用 1 cm 的缝份缉合起来，缉线要顺直，将整条缝份分烫平服。

⑥缉缝下层袋布：将袋尾端整理平整，下层袋布折进 1 cm 扣烫后，沿边缉压

0.1 cm，固定在后片侧缝的缝份上；沿袋布边沿缉压 0.2 cm 的明线，一直缉到侧缝缝份处止，并打回针。

⑦封袋口：翻到裤子的正面，确定好袋口宽，在袋口的两端打回针。

4）收后腰省、烫省。由省根缉至省尖，省尖处留线头 4 cm，打结后剪短。省长和省大要符合规格，收省要顺直，收尖，省缝向后裆缝烫倒，如图 3-10 至图 3-13 所示。

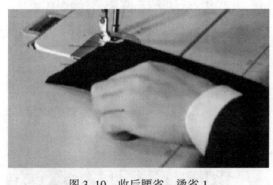

图 3-10　收后腰省、烫省 1

图 3-11　收后腰省、烫省 2

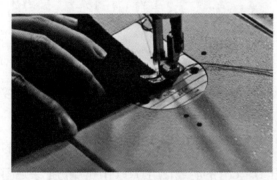

图 3-12　收后腰省、烫省 3

图 3-13　收后腰省、烫省 4

5）双嵌线后挖袋。双嵌线后挖袋如图 3-14 至图 3-17 所示，具体流程如下：

①嵌线布对准袋位线缉上、下两条线时，线与线要平行，长短一致，宽度为 1 cm。

②剪袋口两端三角时，既要剪到线的根部，又不能剪断线。

③缉封袋口两端三角布时要缉线到位。

④袋垫布要找准袋位后，才能缉缝在下层袋布上，确定袋布的对折点后，才能将袋布反面相对缝合内线。

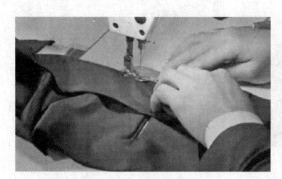

图 3-14　双嵌线后挖袋 1　　　　　图 3-15　双嵌线后挖袋 2

图 3-16　双嵌线后挖袋 3　　　　　图 3-17　双嵌线后挖袋 4

6）缝合侧缝、内裆缝。用 1 cm 的缝份缝合，缉线要顺直，注意平缝的上、下层松紧一致。缝合后将缝份分烫，要求烫平、烫实，如图 3-18、图 3-19 和图 3-20 所示。

7）做里襟。将里襟的面布和底布正面相对，用 0.6 cm 的缝份沿外侧边缉一道线，注意起针时不要打回针。在弯弧处打 3 个刀口，扣烫里襟底布，其外口比里襟面布宽出 0.1 cm，如图 3-21、图 3-22 和图 3-23 所示。

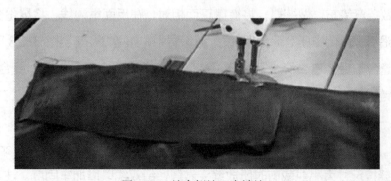

图 3-18　缝合侧缝、内裆缝 1

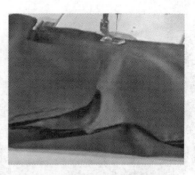

图 3-19　缝合侧缝、内裆缝 2　　　图 3-20　缝合侧缝、内裆缝 3

图 3-21　做里襟 1

图 3-22　做里襟 2　　　　　　　　图 3-23　做里襟 3

8）做裆弯垫布、做裤襻。将裤襻正面相对，在反面缉内线，将缝份分烫开来后翻出，沿裤襻两侧缉压 0.1 cm 明线，缝份居中，如图 3-24 至图 3-28 所示。

9）缝合前后裆弯、缝合下裆缝、装门襟拉链。缝合前后裆弯、缝合下裆缝、装门襟拉链如图 3-29 和图 3-30 所示，具体流程如下：

①将一只裤脚正面朝外翻出，套入另一只裤脚中（也可不套入）。左、右裤片前后缝合拢，缝头摆齐，裆缝（即裆底十字缝）对准。前裆缝一般按 0.8 cm 左右缝头，后裆缝按尺寸大小或裁剪时所放缝头做缝，缉双线以增加牢固度。注意：后裆弯势处上下手拉紧，把弯势处拔开再缉线，防止穿着时爆线。

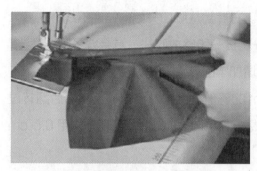

图 3-24　做裆弯垫布、做裤襻 1

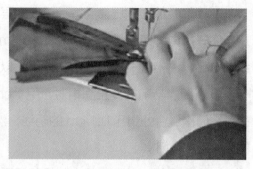

图 3-25　做裆弯垫布、做裤襻 2

图 3-26　做裆弯垫布、做裤襻 3

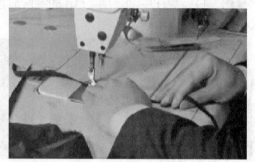

图 3-27　做裆弯垫布、做裤襻 4

图 3-28　做裆弯垫布、做裤襻 5

图 3-29　缝合前后裆弯、缝合下
裆缝、装门襟拉链 1

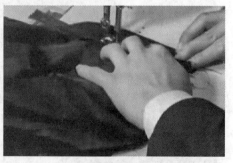

图 3-30　缝合前后裆弯、缝合下
裆缝、装门襟拉链 2

②后裤片放在下层，前裤片放在上层。右裤片从脚口开始向裆底缉线，左裤片从裆底开始向脚口缉线。后裆底下 10 cm 左右一段略放吃势，其余缝子松紧适当，缉线 1 cm。中裆至裆底处可以缉双线，以增加牢固度。

③将门襟与前裤片正面相对，用 1 cm 的缝份缝合在左前裆缝上，然后翻转过来，在门襟缝合处缉压 0.1 cm 的明线；然后让拉链反面朝上，将其一侧用 0.5 cm 的缝份固定在门襟上。

10）装里襟、装裆弯垫布。掀起里襟底布，将里襟面布与右前片正面相对，对齐缝份，拉链夹在中间，用 1 cm 的缝份缝合，如图 3-31 和图 3-32 所示。

图 3-31 装里襟、装裆弯垫布 1　　　　　图 3-32 装里襟、装裆弯垫布 2

11）做腰头、装腰头、装串带袢。做腰头、装腰头、装串带袢如图 3-33 至图 3-38 所示，具体流程如下：

①用 0.1 cm 的明线将腰里正面的上口边缘缉压在腰面正面上口的缝份上，腰里距腰头宽边缘 0.3 cm。

②在门襟上端处做上绱腰记号。将腰面下口与裤片腰口正面相对，距净衬边缘 0.1 cm 缉线，注意后裆缝处左右两边对齐。

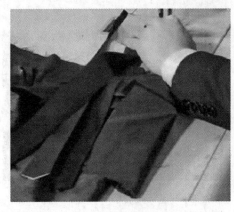 

图 3-33 做腰头、装腰头、装串带袢 1　　　　图 3-34 做腰头、装腰头、装串带袢 2

图 3-35 做腰头、装腰头、装串带袢 3

图 3-36 做腰头、装腰头、装串带袢 4

图 3-37 做腰头、装腰头、装串带袢 5

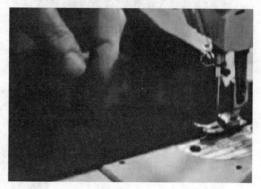

图 3-38 做腰头、装腰头、装串带袢 6

③串带袢向上翻折，上端按 0.5 ~ 0.6 cm 缝份扣净，对齐腰口（不超出腰口）摆正，沿串带袢上端车缉 0.1 ~ 0.15 cm 明线固定，注意来回针缝牢固，也可以打结固定。

12）缲脚口贴边。先将裤脚口贴边按粉印扣烫平直，用本色线沿着锁边线缉三角针，注意针脚排列整齐，裤脚口正面不露针迹，如图 3-39 和图 3-40 所示。

图 3-39 缲脚口贴边 1

图 3-40 缲脚口贴边 2

13）整烫。整烫前先将所有线头剪净，然后用蒸汽熨斗进行全面整烫，如图 3-41、图 3-42 和图 3-43 所示。

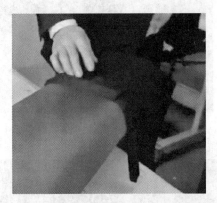

图 3-41　整烫 1

图 3-42　整烫 2

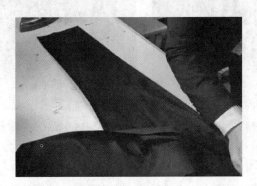

图 3-43　整烫 3

（4）男西裤制作工艺要求

1）缝制采用 11 号机针，线迹密度为 16 ~ 18 针 /3 cm，线迹松紧适度，中间无跳线、断线、接线。

2）口袋位对称，前袋口不拉抻，明线无接线，后袋口四角方正、无毛漏。

3）侧缝合缝顺直，缝份一致，吃缝均匀。

4）拉链平整、不外露。

5）腰口平服。

6）熨烫平服，无烫黄、变色，无水渍、污渍，无破损。

7）裤口撬线松紧适度。

8）产品整洁、美观。

2. 技能训练

 实践

（1）裤里料主要用在前片膝盖处，按使用长短可以分为全里、半里。根据所采用的面料幅宽不同，如何计算用料？

_____
_____
_____

（2）请根据男西裤制作工艺流程，结合视频和教师示范，在教师指导下，完成男西裤的车缝与整烫，并独立回答以下问题。

服装因加工方法不当而引起的外观和内在的不良现象称为服装质量弊病，包括合体质量弊病和加工质量疵病。加工质量疵病常指服装制品因裁剪、缝制、熨烫加工不当而形成的外观形态疵点和内在的操作质量疵点。

1）简述腰缝起皱不平整的原因和修正方法。

_____
_____
_____

2）简述腰头宽度不一致的原因和修正方法。

_____
_____
_____

3）简述腰口弯曲不顺直的原因和修正方法。

_____
_____
_____

4）简述门襟板的作用。

_____
_____
_____

5）简述里襟缝外露产生豁口的原因和修正方法。

_____

_____

_____

6）简述门里襟高低不齐的原因和修正方法。

_____

_____

_____

（3）在教师指导下，各自核对派发的材料种类（面料、里料、衬料、辅料、配色线等）和数量，填在表3-5中。

表3-5　　　　　　　　　　　材料种类与数量填写表

材料名称	西裤表布	西裤里布	嵌条衬	斜插袋里包布样板	后双嵌线袋里包布样板	拉链
材料种类						
材料数量						

（4）在教师指导下，参照世界技能大赛评分标准完成男西裤的质量检验，并独立填写表3-6，写出封样意见，然后对照封样意见，将男西裤修改、调整到位。

表3-6　　　　　　　男西裤制作评分表（参照世界技能大赛评分标准）

序号	分值	评分内容	评分标准	得分
1	15	完成度：按照工艺要求，完成男西裤制作	完成得分，未完成不得分	
2	15	整洁度：外观干净整洁，无脏斑，无过度熨烫，无熨烫不足，无线头，无破损	有一处不符扣5分，扣完为止	
3	20	规格：尺寸规格达到要求，拉链宽、拉链长误差小于0.2 cm，门襟明线宽度误差小于0.1 cm	有一处不符扣5分，扣完为止	
4	10	裁片丝缕：裁片丝缕准确，面料有条格时，需对条、对格	有一处不符扣5分，扣完为止	
5	10	线迹：线迹密度为16～18针/3 cm，误差为2针/3 cm，线迹松紧适度，且中间无跳线、断线、接线	有一处不符扣5分，扣完为止	

续表

序号	分值	评分内容	评分标准	得分
6	20	外观：裁片无歪斜、吃皱、毛漏	有一处不符扣5分，扣完为止	
7	10	工作区整洁：工作结束后，给每位选手的工作区拍照，作为评分依据。要求工作结束后，工作区要整理干净，并关闭机器和设备电源	有一次不整理扣5分，扣完为止	
合计得分				

（5）以小组为单位，集中填写表3-7。

表3-7　　　　　　　　　　　设备使用记录表

使用设备名称		是否正常使用	
		是	否，是如何处理的？
裁剪设备			
缝制设备			
整烫设备			

封样意见

_____

_____

_____

引导评价、更正与完善

在教师讲评、引导的基础上，对本阶段的学习活动成果进行自我和小组评价（100分制），之后独立用红笔进行更正和完善。

个人自评分	关键能力		小组评分	关键能力	
	专业能力			专业能力	

（四）成果展示与评价反馈

1. 知识学习

学习展示的基本方法、评价的标准和方法。

（1）展示的基本方法：平面展示、人台展示、其他展示。男西裤建议在干净的工作台上进行平面展示。

（2）评价的标准：对照表 3-6。

（3）评价的方法：目测、测量、比对、校验等。

 世界技能大赛链接

图 3-44 是第 45 届世界技能大赛时装技术项目第一阶段（十进五）选拔赛参赛选手温彩云的备赛作品。

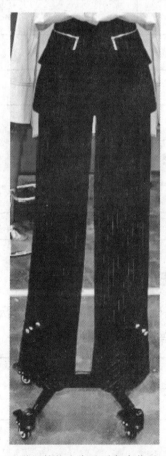

图 3-44　世界技能大赛选手备赛作品（裤装）

2. 技能训练

 实践

（1）平面展示。

（2）人台展示。

（3）其他展示。

3. 学习检验

引导问题

（1）在教师指导下，在小组内进行作品展示，然后经由小组讨论，推选出一组最佳作品进行全班展示与评价，并由组长简要介绍推选的理由，小组其他成员做补充并记录。

小组最佳作品制作人：_____

推选理由：_____

_____

其他小组评价意见：_____

教师评价意见：_____

（2）将本次学习活动出现的问题及其产生的原因和解决的办法填写在表 3-8中。

表 3-8　　　　　　　　　　　　　　问题分析表

出现的问题	产生的原因	解决的办法
1.		
2.		
3.		
n		

自我评价

（3）本次学习活动中自己最满意的地方和最不满意的地方各列举两点，并简要说明原因，然后完成表 3-9 中相关内容的填写。

最满意的地方：_____

最不满意的地方：_____

表 3-9　　　　　　　　　学习活动考核评价表

学习活动名称：　男西裤制作

班级：　　　　学号：　　　　姓名：　　　　指导教师：

评价项目	评价标准	评价依据（信息、佐证）	评价方式			权重	得分小计	总分
			自我评价	小组评价	教师（企业）评价			
			10%	20%	70%			
关键能力	1. 能穿戴劳保服装，执行安全操作规程 2. 能参与小组讨论，制订计划，相互交流与评价 3. 能积极主动、勤学好问 4. 能清晰、准确表达，与相关人员进行有效沟通 5. 能清扫场地和机台，归置物品，填写设备使用记录	1. 课堂表现 2. 工作页填写				40%		
专业能力	1. 能区分不同的男西裤类型 2. 能叙述男西裤制作所用工具和设备的名称与功能 3. 能识读男西裤生产工艺单，明确工艺要求，叙述其制作流程 4. 能在教师指导下，完成男西裤制作的全过程 5. 能按照企业标准（或世界技能大赛评分标准）对男西裤进行正确检验，并进行展示	1. 课堂表现 2. 工作页填写 3. 提交的作品				60%		
指导教师综合评价								
	指导教师签名：　　　　　　　　　　　　　　日期：							

三、学习拓展

说明：本阶段学习拓展建议课时为 2 ～ 4 学时，要求学生在课后独立完成。教师可根据本校的教学需要和学生的实际情况，选择部分或全部进行实践，也可另行选择相关拓展内容，亦可不实施本学习拓展，将所需课时用于学习过程阶段实践内容的强化。

📖 **拓展**

1. 在教师指导下，通过小组讨论交流，完成图 3-45 所示男西短裤的制作。

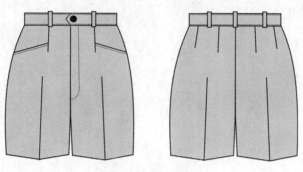

图 3-45 男西短裤

🔍 **查询与收集**

2. 查阅相关学材或企业生产工艺单，选择 1～2 个关于男西裤制作的工艺单，摘录其工艺要求和制作流程。

（1）

（2）

学习任务四
女外套制作

学习目标

1. 能严格遵守工作制度，服从工作安排，按照生产安全防护规定穿戴劳保服装，执行安全操作规程。

2. 能查阅女外套制作的相关资料，叙述各种常见女外套制作所用工具和设备的名称与功能，并正确操作。

3. 能识读女外套生产工艺单，明确工艺要求，叙述各种常见女外套的制作流程。

4. 能在教师指导下，制订女外套制作计划，并通过小组讨论做出决策。

5. 能准确核对女外套制作所需裁片和辅助制作样板的种类和数量，做出定位标记。

6. 能在教师指导下，完成各种常见女外套的制作。

7. 能叙述各种常见女外套质量检验的内容和要求。

8. 能按照企业标准（或参照世界技能大赛评分标准）进行质量检验，判断女外套是否合格。

9. 能清扫场地和机台，归置物品，填写设备使用记录。

10. 能展示女外套制作各阶段成果，并进行评价。

11. 能根据评价结果做出相应反馈。

12. 操作过程中严格遵守"8S"管理规定。

建议课时

48 学时。

学习任务描述

在服装企业的生产流水线上，制作女外套是一个常见任务。接到班组长安排的任务后，作业人员在车缝机位上，依据生产工艺单的具体要求，利用准备好的裁片，独立完成女外套裁片核对、制作定位、裁片缝制和质量检验工作，然后交由下一道工序的作业人员。

学习活动

女外套制作（48 学时）。

学习活动
女外套制作

🎯 学习目标

1. 能严格遵守工作制度，服从工作安排，按要求准备好女外套制作所需的工具、设备、材料与各项技术文件。

2. 能正确识读女外套制作各项技术文件，明确前胸贴袋制作的流程、方法和注意事项。

3. 能查阅相关技术资料，制订女外套制作计划，并在教师指导下，通过小组讨论做出决策。

4. 能依据技术文件要求，结合女外套制作规范，独立完成女外套的制作、检查与复核工作。

5. 能按照企业标准（或参照世界技能大赛评分标准）对女外套进行质量检验，并依据检验结果，将前胸贴袋修改、调整到位。

6. 能记录女外套制作过程中的疑难点，通过小组讨论、合作探究或在教师的指导下，提出较为合理的解决办法。

7. 能展示、评价外套制作阶段成果，并根据评价结果，做出相应反馈。

一、学习准备

1. 准备服装制作学习工作室中的缝制设备与工具、整烫设备与工具。

2. 准备工作服、安全操作规程、女外套生产工艺单（见表 4-1）、女外套缝制工艺相关学材。

3. 划分学习小组，填写小组编号表（见表 4-2）。

表 4-1 　　　　　　　　　　　女外套生产工艺单

款式名称	女外套	
款式图 与说明	款式图	款式说明： （1）小香风（香奈儿风格）外套的特点是无领、前中开襟钉 5 粒金色装饰纽扣，装四个贴袋，后中破缝，袖型为两片式圆装袖 （2）小袋宽 10 cm、高 11 cm，大袋宽 13.5 cm、高 14.5 cm （3）袋口流苏宽 1.5 cm （4）袋布边缘缉线宽 0.1 cm，抽出流苏宽 1.5 cm
工艺要求	（1）缝制采用 11 号机针，线迹密度为 16 ~ 18 针 /3 cm，线迹松紧适度，且中间无跳线、断线、接线 （2）尺寸规格达到要求，袋宽、袋长误差小于 0.2 cm，袋口缉线宽度误差小于 0.1 cm，袋布边缘缉线宽度误差为 0 cm （3）领口车缝圆顺，无反吐 （4）贴袋左右对称，无歪斜、吃皱、毛漏 （5）外套里外匀，光洁，线头清理干净 （6）上袖圆顺，吃势均匀，无折皱，装袖位置准确 （7）熨烫平服，无烫黄、变色，无水渍、污渍，无破损 （8）产品整洁、美观	
制作流程	核对裁片、标记定位、粘牵条→车缝后中心剪接线→车缝前片→标记袋位→装前片贴袋→车缝前后肩线→车缝前后胁边线→车缝内外袖剪接线 + 后袖装饰条→表布上袖→车缝衣身下摆 + 袖子下摆→车缝里布→制作流苏→整烫、整理	
备注		

表 4-2 　　　　　　　　　　　小组编号表

组号	组内成员及编号	组长 姓名	组长 编号	本人 姓名	本人 编号

提醒

请写出完成女外套制作需要准备的专业工具和面辅料，并自查工具是否带齐。

_____

_____

_____

二、学习过程

（一）明确工作任务、获取相关信息

1. 知识学习

> 📖 **小贴士**
>
> 外套是穿在最外层衣服的总称，起源于 19 世纪初期男士穿的呢子大衣和军用大衣，直到第二次世界大战时期，大衣的礼仪作用才显得更为突出，渐渐被视为身份的象征，成为出访必备的服装。现代意义上的女装大衣是在第二次世界大战时期从男装大衣中借鉴过来的。外套的类型有很多种，近年来比较流行的外套类型有小香风外套、女式毛呢小西装外套、加绒加厚卫衣外套等。
>
> 小香风外套——优雅、端庄的代名词，百搭耐穿，深受女士喜爱。
>
> 女式毛呢小西装外套——毛呢可与其他面料（如皮革）拼接，比普通款多了几分时髦感，衣身是呢子，袖子却是拼皮设计，瞬间变俏女郎，职场或生活都可随心驾驭。
>
> 加绒加厚卫衣外套——卫衣穿着舒适，作为外套更显女性的青春活力。卫衣可作为内搭与羽绒服搭配，也可以作为外套搭配牛仔裤穿，给人自由、舒适、放松的感觉。

ℹ️ **引导问题**

在表 4-3 中填写图示女外套的类型。

表 4-3　　　　　　　　　女外套类型识别表

女外套图片			
女外套类型			

续表

女外套图片	
女外套类型	

引导评价、更正与完善

在教师引导下，对本阶段的学习活动成果进行自我和小组评价（100 分制），之后独立用红笔进行更正和完善。

个人自评分	关键能力		小组评分	关键能力	
	专业能力			专业能力	

2. 学习检验

引导问题

在教师的引导下，独立填写表 4-4。

表 4-4   任务与学习活动简要归纳表

本次任务名称	
本次任务的学习活动内容	
本次任务的工作流程	
本次任务的专业能力目标	
本次任务的关键能力目标	
本次学习活动名称	
本次学习活动的专业能力目标	

续表

本次学习活动的 关键能力目标	
本次学习活动的主要内容	
本次学习活动中 实现的目标	

 讨论

仔细查看自己或同学身上穿的外套，写出其属于哪种类型的外套；通过亲自实践，印证不同外套给人的不同体验，并进行小组讨论，然后各自简要写出讨论的结果。

_____

_____

_____

 引导评价、更正与完善

在教师讲评、引导的基础上，对本阶段的学习活动成果进行自我和小组评价（100分制），之后独立用红笔进行更正和完善。

个人自评分	关键能力		小组评分	关键能力	
	专业能力			专业能力	

（二）制订女外套制作计划并决策

1. 知识学习

介绍制订计划的基本方法、内容和注意事项，重点围绕活动展开。

计划制订参考意见：整个工作的内容和目标是什么？整个工作分几步实施？过程中要注意什么？小组成员之间该如何配合？出现问题该如何处理？

2. 学习检验

引导问题

（1）请简要写出本小组的工作计划。

（2）你在制订计划的过程中承担了什么工作？有什么体会？

（3）教师对小组的计划提出了什么修改建议？为什么？

引导评价、更正与完善

在教师讲评、引导的基础上，对本阶段的学习活动成果进行自我和小组评价（100 分制），之后独立用红笔进行更正和完善。

个人自评分	关键能力		小组评分	关键能力	
	专业能力			专业能力	

（三）女外套制作与检验

1. 知识学习与操作演示

（1）女外套款式图（见图 4-1）及款式说明

图 4-1　女外套款式图

款式说明：

1）小香风外套的特点是无领、前中开襟钉 5 粒金色装饰纽扣，装四个贴袋，后中破缝，袖型为两片式圆装袖。

2）小袋宽 10 cm、高 11 cm，大袋宽 13.5 cm、高 14.5 cm。

3）袋口流苏宽 1.5 cm。

4）袋布边缘缉线宽 0.1 cm，抽出流苏宽 1.5 cm。

（2）女外套制作工艺流程

核对裁片、标记定位、粘牵条→车缝后中心剪接线→车缝前片→标记袋位→装前片贴袋→车缝前后肩线→车缝前后胁边线→车缝内外袖剪接线 + 后袖装饰条→表布上袖→车缝衣身下摆 + 袖子下摆→车缝里布→制作流苏→整烫、整理。

（3）女外套缝制工艺

1）核对裁片、标记定位、粘牵条，如图 4-2 所示。

图 4-2　核对裁片、标记定位、粘牵条

2）车缝后中心剪接线。正面相对缝合后中缝，缉 1 cm，如图 4-3 和图 4-4 所示。

图 4-3　车缝后中心剪接线 1

图 4-4　车缝后中心剪接线 2

3）车缝前片。收侧胸省，烫省，前领口、袖窿粘牵条衬，如图 4-5 和图 4-6 所示。

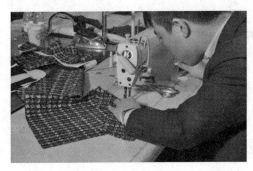

图 4-5　车缝前片 1

图 4-6　车缝前片 2

4）标记袋位。按样板标记袋位，画出粉线，如图 4-7 所示。

5）装前片贴袋。把贴袋纸样板放在衣片上车缉贴袋，如图 4-8 所示。

图 4-7　标记袋位

图 4-8　装前片贴袋

6）车缝前后肩线。按粉印车缉前后肩线，如图 4-9 和图 4-10 所示。

图 4-9　车缝前后肩线 1

图 4-10　车缝前后肩线 2

7）车缝前后胁边线。把上、下两层衣片对整齐，按粉线车缉 1 cm 内缝，如图 4-11 和图 4-12 所示。

8）车缝内外袖剪接线 + 后袖装饰条。车缝内外袖剪接线 + 后袖装饰条如图 4-13、图 4-14 和图 4-15 所示，具体流程如下：

图 4-11　车缝前后胁边线 1

图 4-12　车缝前后胁边线 2

图 4-13　车缝内外袖剪接线 + 后袖装饰条 1

图 4-14　车缝内外袖剪接线 + 后袖装饰条 2

图 4-15　车缝内外袖剪接线 + 后袖装饰条 3

①大小袖片正面相对缉前袖缝，将缝份分烫。

②袖口贴边 3 cm 折向反面熨烫；大小袖片正面相对缉后袖缝，刀口对齐，在大袖袖肘处稍吃进缝缩量缉后袖缝。

③后袖缝分烫。在袖山净粉线内，用直丝嵌条，在前后袖山斜丝处抽吃势量。

9）表布上袖。做好对位标记，装袖，如图 4-16 和图 4-17 所示。

图 4-16　表布上袖 1　　　　　　　　图 4-17　表布上袖 2

10）车缝衣身下摆 + 袖子下摆。上片里子在上，下摆里子在下，按净粉缝合衣身下摆、袖子下摆。挂面分缝打剪口，其他做缝向上烫倒，如图 4-18 和图 4-19 所示。

图 4-18　车缝衣身下摆 + 袖子下摆 1　　　图 4-19　车缝衣身下摆 + 袖子下摆 2

11）车缝里布。车缝前后衣片里布、袖子里布，如图 4-20 和图 4-21 所示。

12）制作流苏。先在门襟装饰条中心缉线固定，把纵向的纱线抽掉，再用镊子抽出 1.5 cm 流苏，然后用镊子整理流苏，做出流苏造型，如图 4-22 所示。

图 4-20　车缝里布 1　　　　　　　　图 4-21　车缝里布 2

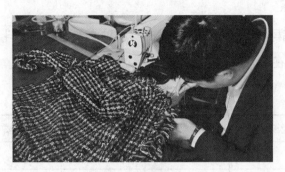

图 4-22　制作流苏

13）整烫、整理。将制作完成的女外套（见图 4-23 和图 4-24）检查一遍，清理所有的线头，将弄皱的部位烫平。前右侧锁扣眼，左侧钉扣子。

图 4-23　制作完成的女外套 1　　　　图 4-24　制作完成的女外套 2

（4）女外套制作工艺要求

1）缝制采用 11 号机针，线迹密度为 16 ~ 18 针 /3 cm，线迹松紧适度，且中间无跳线、断线、接线。

2）尺寸规格达到要求，袋宽、袋长误差小于 0.2 cm，袋口缉线宽度误差小于 0.1 cm，袋布边缘缉线宽度误差为 0 cm。

3）领口车缝圆顺，无反吐。

4）贴袋左右对称，无歪斜、吃皱、毛漏。

5）外套里外匀，光洁，线头清理干净。

6）上袖圆顺，吃势均匀，无折皱，装袖位置准确。

7）熨烫平服，无烫黄、变色，无水渍、污渍，无破损。

8）产品整洁、美观。

2. 技能训练

（1）在教师指导下，各自核对派发的材料种类（面料、里料、衬料、样板、辅料等）和数量，填在表 4-5 中。

表 4-5 　　　　　　　　　　材料种类与数量填写表

材料名称	嵌条衬	外套表布	外套里布	袋口扣烫板	贴袋扣烫板
材料种类					
材料数量					

（2）浅色面料在用画粉定位时，是用深色好还是用浅色好？粉印是粗一些好还是细一些好？标记应打成什么样子为好？请独立回答，并在表 4-6 中勾选。

_____

_____

_____

表 4-6 　　　　　　　　　　标记类型选择表

（3）根据女外套制作工艺流程和工艺要求，独立完成女外套的制作。

3. 学习检验

（1）在教师的示范指导下，完成外套的车缝与整烫，并独立回答以下问题。

1）在车缝与整烫时，为什么要始终保持手和工作台面的干净整洁？

_____

_____

_____

2）袋口扣烫板和贴袋扣烫板各起什么作用？

_____

_____

_____

3）袋口缉线时，两端是否要打回针？

_____

_____

_____

4）缉缝贴袋时，为什么起始和终止时要打回针？一般要回几针？回几次？

_____

_____

_____

5）缉缝贴袋时，是上层略推送、下层略拉紧，还是上层略拉紧、下层略推送？

_____

_____

_____

6）在扣烫外套净样和成品整烫时，为什么熨烫前要先取一小块与衣物相同的面料试烫，再正式熨烫，而且要尽量减少正面熨烫？

_____

_____

_____

（2）选择毛呢外套、牛仔外套和防晒外套各一款，测量其长、宽尺寸和线迹密度，填在表4-7中。

表4-7　　　　　　　　　服装外套尺寸与线迹密度填写表

服装款式	毛呢外套	牛仔外套	防晒外套
长、宽尺寸			
线迹密度（针/3 cm）			

🧵 检验修正

（3）在教师指导下，参照世界技能大赛评分标准完成女外套的质量检验，并独立填写表4-8，写出封样意见，然后对照封样意见，将女外套制作调整到位。

（4）以小组为单位，集中完成表4-9的填写。

表 4-8　　　　女外套制作评分表（参照世界技能大赛评分标准）

序号	分值	评分内容	评分标准	得分
1	15	完成度：按照工艺要求，完成女外套制作	完成得分，未完成不得分	
2	15	整洁度：外观干净整洁，无脏斑，无过度熨烫，无熨烫不足，无线头，无破损	有一处不符扣5分，扣完为止	
3	20	规格：尺寸规格达到要求，袋宽、袋长误差小于0.2 cm，袋口缉线宽度误差小于0.1 cm，袋布边缘缉线宽度误差为0 cm	有一处不符扣5分，扣完为止	
4	10	裁片丝缕：裁片丝缕准确，面料有条格时，需对条、对格	有一处不符扣5分，扣完为止	
5	10	线迹：线迹密度为16～18针/3 cm，误差2针/3 cm，线迹松紧适度，且中间无跳线、断线、接线	有一处不符扣5分，扣完为止	
6	20	外观：袋布四角方正，左右对称，无歪斜、吃皱、毛漏	有一处不符扣5分，扣完为止	
7	10	工作区整洁：工作结束后，给每位选手的工作区拍照，作为评分依据。要求工作结束后，工作区要整理干净，并关闭机器和设备电源	有一次不整理扣5分，扣完为止	
合计得分				

表 4-9　　　　　　　　设备使用记录表

使用设备名称	是否正常使用	
	是	否，是如何处理的？
裁剪设备		
缝制设备		
整烫设备		

 封样意见

引导评价、更正与完善

在教师讲评、引导的基础上，对本阶段的学习活动成果进行自我和小组评价（100 分制），之后独立用红笔进行更正和完善。

个人自评分	关键能力		小组评分	关键能力	
	专业能力			专业能力	

（四）成果展示与评价反馈

1. 知识学习

学习展示的基本方法、评价的标准和方法。

（1）展示的基本方法：平面展示、人台展示、其他展示。女外套建议在人台上展示。

（2）评价的标准：对照表 4-8。

（3）评价的方法：目测、测量、比对、校验等。

世界技能大赛链接

女外套设计制作是世界技能大赛时装技术项目经常会测试的内容。第 45 届世界技能大赛时装技术项目全国选拔赛备赛作品如图 4-25 所示。

图 4-25　世界技能大赛选手备赛作品（女外套）

2. 技能训练

 实践

（1）平面展示。

（2）人台展示。

（3）其他展示。

3. 学习检验

 引导问题

（1）在教师指导下，在小组内进行作品展示，然后经由小组讨论，推选出一组最佳作品进行全班展示与评价，并由组长简要介绍推选的理由，小组其他成员做补充并记录。

小组最佳作品制作人：＿＿＿＿＿＿＿＿

推选理由：＿＿＿＿＿＿＿＿＿＿＿＿＿＿＿＿＿

＿＿＿＿＿＿＿＿＿＿＿＿＿＿＿＿＿＿＿＿＿

＿＿＿＿＿＿＿＿＿＿＿＿＿＿＿＿＿＿＿＿＿

其他小组评价意见：＿＿＿＿＿＿＿＿＿＿＿＿＿

＿＿＿＿＿＿＿＿＿＿＿＿＿＿＿＿＿＿＿＿＿

教师评价意见：＿＿＿＿＿＿＿＿＿＿＿＿＿＿＿

＿＿＿＿＿＿＿＿＿＿＿＿＿＿＿＿＿＿＿＿＿

（2）将本次学习活动出现的问题及其产生的原因和解决的办法填写在表 4-10 中。

表 4-10　　　　　　　　　问题分析表

出现的问题	产生的原因	解决的办法
1.		
2.		
3.		
n		

自我评价

（3）本次学习活动中自己最满意的地方和最不满意的地方各列举两点，并简要说明原因，然后完成表 4-11 中相关内容的填写。

最满意的地方：_____

最不满意的地方：_____

表 4-11　　　　　　　　　学习活动考核评价表

学习活动名称：女外套制作

班级：　　　　　学号：　　　　　姓名：　　　　　指导教师：

评价项目	评价标准	评价依据（信息、佐证）	评价方式			权重	得分小计	总分
			自我评价	小组评价	教师（企业）评价			
			10%	20%	70%			
关键能力	1. 能穿戴劳保服装，执行安全操作规程 2. 能参与小组讨论，制订计划，相互交流与评价 3. 能积极主动、勤学好问 4. 能清晰、准确表达，与相关人员进行有效沟通 5. 能清扫场地和机台，归置物品，填写设备使用记录	1. 课堂表现 2. 工作页填写				40%		
专业能力	1. 能区分不同的女外套类型 2. 能叙述女外套制作所用工具和设备的名称与功能 3. 能识读女外套生产工艺单，明确工艺要求，叙述其制作流程 4. 能在教师指导下，完成女外套制作的全过程 5. 能按照企业标准（或世界技能大赛评分标准）对女外套进行正确检验，并进行展示	1. 课堂表现 2. 工作页填写 3. 提交的作品				60%		
指导教师综合评价								

指导教师签名：　　　　　　　　　　　　　　　　日期：

三、学习拓展

说明：本阶段学习拓展建议课时为 2 ～ 4 学时，要求学生在课后独立完成。教师可根据本校的教学需要和学生的实际情况，选择部分或全部进行实践，也可另行选择相关拓展内容，亦可不实施本学习拓展，将所需课时用于学习过程阶段实践内容的强化。

拓展

1. 在教师指导下，通过小组讨论交流，完成如图 4-26 所示女外套的制作。

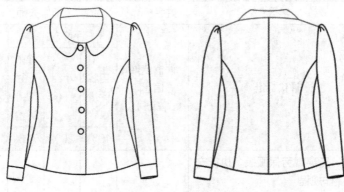

图 4-26　女外套

查询与收集

2. 通过查阅相关学材或企业生产工艺单，选择 1 ～ 2 个关于女外套制作的工艺单，摘录其工艺要求和制作流程。

（1）

（2）

学习任务五
女西服制作

学习目标

1. 能严格遵守工作制度，服从工作安排，按照生产安全防护规定穿戴实训工作服，执行安全操作规程。

2. 能查阅女西服制作的相关资料，叙述各种常见女西服制作所用工具和设备的名称与功能，并正确操作。

3. 能识读女西服生产工艺单，明确工艺要求，叙述各种常见女西服的制作流程。

4. 能在教师指导下，制订女西服制作计划，并通过小组讨论做出决策。

5. 能准确核对女西服制作所需裁片和辅助制作样板的种类和数量，做出定位标记。

6. 能在教师指导下，完成各种常见女西服的制作。

7. 能叙述各种常见女西服质量检验的内容和要求。

8. 能按照企业标准（或参照世界技能大赛评分标准）进行质量检验，判断女西服是否合格。

9. 能清扫场地和机台，归置物品，填写设备使用记录。

10. 能展示女西服制作各阶段成果，并进行评价。

11. 能根据评价结果做出相应反馈。

12. 操作过程中严格遵守"8S"管理规定。

建议课时

60 学时。

学习任务描述

在服装企业的生产流水线上，制作女西服是一个常见任务。接到班组长安排的任务后，作业人员在车缝机位上，依据生产工艺单的具体要求，利用准备好的裁片，独立完成女西服裁片核对、制作定位、裁片缝制和质量检验工作，然后交由下一道工序的作业人员。

学习活动

女西服制作（60 学时）。

学习活动
女西服制作

🎯 学习目标

1. 能严格遵守工作制度，服从工作安排，按要求准备好女西服制作所需的工具、设备、材料与各项技术文件。

2. 能正确识读女西服前胸贴袋制作各项技术文件，明确女西服制作的流程、方法和注意事项。

3. 能查阅相关技术资料，制订女西服制作计划，并在教师指导下，通过小组讨论做出决策。

4. 能依据技术文件要求，结合女西服制作规范，独立完成女西服的制作、检查与复核工作。

5. 能按照企业标准（或参照世界技能大赛评分标准）对女西服进行质量检验，并依据检验结果，将女西服修改、调整到位。

6. 能记录女西服制作过程中的疑难点，通过小组讨论、合作探究或在教师的指导下，提出较为合理的解决办法。

7. 能展示、评价女西服制作阶段成果，并根据评价结果，做出相应反馈。

一、学习准备

1. 准备服装制作学习工作室中的缝制设备与工具、整烫设备与工具。

2. 准备工作服、安全操作规程、女西服生产工艺单（见表5-1）、女西服缝制工艺相关学材。

3. 划分学习小组，填写小组编号表（见表5-2）。

表 5-1　　　　　　　　　　　　　女西服生产工艺单

款式名称	女西服	
款式图与说明	平驳头西装领 此扣在中腰上 5 cm 盖包宽 5 cm（含袋牙） 袖衩钉三粒扣 下摆大斜圆角 款式图	款式说明： （1）合体女西服，款式为四开身结构，前后袖窿开公主缝 （2）门襟一粒扣，下摆大斜圆角。平驳头西装领，口袋长 11 cm、宽 5 cm（含袋牙）。西服袖衩为 10 cm，钉三粒扣
工艺要求	（1）缝制采用 11 号机针，线迹密度为 16 ~ 18 针 /3 cm，线迹松紧适度，且中间无跳线、断线、接线 （2）尺寸规格达到要求，袋宽、袋长误差小于 0.2 cm，袋口缉线宽度误差小于 0.1 cm，袋布边缘缉线宽度误差为 0 cm （3）袋布四角方正，左右对称，无歪斜、吃皱、毛漏 （4）口袋里外光洁，线头清理干净 （5）熨烫平服，无烫黄、变色，无水渍、污渍，无破损 （6）产品整洁、美观	
制作流程	面布排料裁剪→里布排料裁剪→面布部件粘有纺衬→前片与前侧片缉缝→前片分缝熨烫→前片下摆熨烫→袋盖布对格→袋盖制作→前片袋盖固定→前片开双嵌线袋→双嵌线袋两端缉三角固定→袋布和袋盖固定→袋布四周缉缝双线固定→挂面与前身里布缉缝→前片与挂面缉缝→前止口、驳头修缝份→后片分缝熨烫→前片、后片肩缝缉缝→领面与领座缉缝→领面与领座分缝熨烫→领面与领底缉缝→领面与领底缉缝熨烫→领面与领圈缉缝→领片与领圈缉缝→大、小袖缝缉缝→袖子熨烫→袖山缩缝→袖子与袖窿缉缝→垫肩安装固定→袖子里布固定→衣片下摆封口缉缝→衣片下摆里布固定→整烫	
备注		

表 5-2　　　　　　　　　　　　　　小组编号表

组号	组内成员及编号	组长姓名	组长编号	本人姓名	本人编号

> **提醒**
>
> 请写出完成女西服制作需要准备的专业工具和面辅料，并自查工具是否带齐。
>
> _____
>
> _____
>
> _____

二、学习过程

（一）明确工作任务、获取相关信息

1. 知识学习

> **小贴士**
>
> 西服制作工艺有如下三种：
>
> （1）全麻衬：全麻衬是制作西服的传统工艺，完全不用黏合剂黏合，西服的前片使用无黏性的老式衬布，通过针线缝合的方式将衬布与西服面料缝合，完全依靠麻衬自身的性能来衬托西服的造型，是一种高档的西服制作工艺。
>
> 优点：西服的外形线条流畅、立体感很强，尤其西服的胸部成形非常饱满、挺括；西服使用寿命长。
>
> （2）半麻衬：半麻衬是在全麻衬工艺的基础上进行适当简化而形成的经典西服制作工艺，属中高端西服制作工艺。采用这种工艺时，西服前片先覆上一层黏合衬，然后在上半部分使用传统衬布。
>
> 优点：改善生硬造型，西服前胸更加饱满和自然挺括。
>
> （3）黏合衬：黏合衬是最常见的现代西服制作工艺，西服前片采用专用黏性衬布，通过机器热压等手段将衬布与西服面料结合，属于较中低端的西服制作工艺。
>
> 优点：制作工序相对简单，适合工业化大批量生产，成本低。

引导问题

查阅相关资料，写出全麻衬、半麻衬、黏合衬三种西服制作工艺的缺点。

_____

_____

_____

 引导评价、更正与完善

在教师讲评、引导的基础上，对本阶段的学习活动成果进行自我和小组评价（100 分制），之后独立用红笔进行更正和完善。

个人自评分	关键能力		小组评分	关键能力	
	专业能力			专业能力	

2. 学习检验

 引导问题

在教师的引导下，独立填写表 5-3。

表 5-3　　　　　　　　任务与学习活动简要归纳表

本次任务名称	
本次任务的学习活动内容	
本次任务的工作流程	
本次任务的专业能力目标	
本次任务的关键能力目标	
本次学习活动名称	
本次学习活动的专业能力目标	
本次学习活动的关键能力目标	
本次学习活动的主要内容	
本次学习活动中实现难度较大的目标	

讨论

仔细查看自己或同学身上穿的西服，写出其属于哪种风格的西服；通过亲自实践，印证不同西服给人的不同体验，并进行小组讨论，然后各自简要写出讨论的结果。

_____

_____

_____

引导评价、更正与完善

在教师讲评、引导的基础上，对本阶段的学习活动成果进行自我和小组评价（100 分制），之后独立用红笔进行更正和完善。

个人自评分	关键能力		小组评分	关键能力	
	专业能力			专业能力	

（二）制订女西服制作计划并决策

1. 知识学习

介绍制订计划的基本方法、内容和注意事项，重点围绕学习活动展开。

计划制订参考意见：整个工作的内容和目标是什么？整个工作分几步实施？过程中要注意什么？小组成员之间该如何配合？出现问题该如何处理？

2. 学习检验

引导问题

（1）请简要写出本小组的工作计划。

_____

_____

_____

（2）你在制订计划的过程中承担了什么工作？有什么体会？

_____

_____

_____

（3）教师对小组的计划提出了什么修改建议？为什么？

_____

_____

_____

引导评价、更正与完善

在教师讲评、引导的基础上，对本阶段的学习活动成果进行自我和小组评价（100 分制），之后独立用红笔进行更正和完善。

个人自评分	关键能力		小组评分	关键能力	
	专业能力			专业能力	

（三）女西服制作与检验

1. 知识学习与操作演示

（1）女西服款式图（见图 5-1）及款式说明

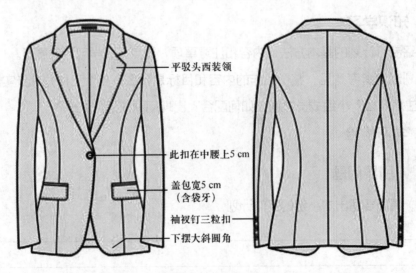

图 5-1　女西服款式图

款式说明：

1）合体女西服，款式为四开身结构，前后袖窿开公主缝。

2）门襟一粒扣，下摆大斜圆角。平驳头西装领，口袋长 11 cm、宽 5 cm（含袋牙）。西服袖衩为 10 cm，钉三粒扣。

（2）女西服制作工艺流程

面布排料裁剪→里布排料裁剪→面布部件粘有纺衬→前片与前侧片绱缝→前片分缝熨烫→前片下摆熨烫→袋盖布对格→袋盖制作→前片袋盖固定→前片开双嵌线袋→双嵌线袋两端绱三角固定→袋布和袋盖固定→袋布四周绱缝双线固定→挂面与前身里布绱缝→前片与挂面绱缝→前止口、驳头修缝份→后片分缝熨烫→前片、后片肩缝绱缝→领面与领座绱缝→领面与领座分缝熨烫→领面与领底绱缝→领面与领底绱缝熨烫→领面与领圈绱缝→领片与领圈绱缝→大、小袖缝绱缝→袖子熨烫→袖山缩缝→袖子与袖窿绱缝→垫肩安装固定→袖子里布固定→衣片下摆封口绱缝→衣片下摆里布固定→整烫。

（3）女西服缝制工艺

1）面布排料裁剪（见图5-2）。面布排料前，检查面料有无破洞、滑丝、污渍等瑕疵。检查无误后，对面料整烫做预缩水处理。待面料冷却后，进行面布排料，在排料时注意板片的经纱向线正确，并使面料利用率尽量高。有条格的面料，需要注意对条、对格。用画粉标记对位点并画好板片轮廓，检查无误后进行裁剪。

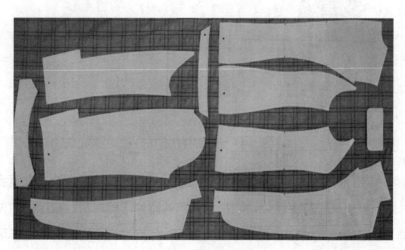

图5-2　面布排料裁剪

2）里布排料裁剪（见图5-3）。里布排料前，检查面料有无破洞、滑丝、污渍等瑕疵。检查无误后，对面料整烫做预缩水处理。待面料冷却后，进行里布排料。里布排料时注意板片的经纱向线正确，并使面料利用率尽量高，用画粉标记对位点并画好板片轮廓，检查无误后进行裁剪。

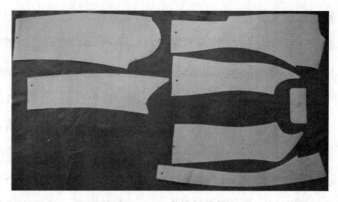

图 5-3　里布排料裁剪

3）面布部件粘有纺衬（见图 5-4）。前片、挂面、后片、后侧、前侧、领片、袋盖、口袋嵌条进行粘有纺衬处理。粘衬时，注意控制熨斗温度，温度过低则黏合不牢固，温度过高则衬布会烫坏。粘衬完成后，在袖窿处用纤条固定，防止袖窿拉扯变形。

图 5-4　面布部件粘有纺衬

4）前片与前侧片绱缝（见图 5-5）。对前片与前侧片进行缝合，在缝合前，需将前侧片腰节处扒开进行工艺处理，使前片和前侧片正面对合，腰围的对位点必须对合准确。在进行正式缝合之前，可以用立裁针将其对位点固定住，这样可以防止用缝纫机缝合时出现错位。特别是格子或条纹面料等，应采用一边对位对条格、一边用针固定的方式，这样才能确保对位精确。调整好缝纫机上、下线松紧后，再进行缝合。注意袖笼底的曲线，不要出现错位。如果错位，将会影响后续绱袖子工序。

图 5-5　前片与前侧片缉缝

5）前片分缝熨烫（见图 5-6）。熨烫前片时，可以用烫包把胸部支撑起来，这样做出来的胸型更有立体感。用熨斗把缝份烫开，在胸围线附近弧度较大的部位打上剪刀口，这样可以确保熨烫更平整。

图 5-6　前片分缝熨烫

6）前片下摆熨烫（见图 5-7）。熨烫前片下摆时，注意用尺子准确测量缝边宽，确保衣服下摆宽度一致。烫好后，继续在前侧开口袋处烫好黏合衬固定，为后续前片开口袋做好准备，防止开口袋处脱线破损。

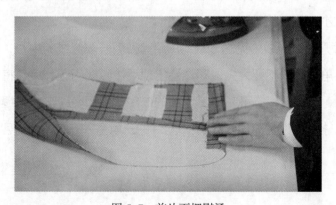

图 5-7　前片下摆熨烫

7）袋盖布对格（见图5-8）。裁剪袋盖布时，注意与前片开袋位置对格处理，防止袋盖条纹与前片错位。

8）袋盖制作（见图5-9）。确保袋盖面布比里布大出0.5 cm作为吃量，将袋盖面布与里布对合，开始缝合袋盖。缝合时，将袋盖里布朝上，这样可以利用缝纫机的送布牙做吃量处理。注意保证吃量均匀，缝份宽度0.5 cm比较合适，这样做出来的袋盖不会外翻或内扣。袋盖缝制好以后，在袋盖圆角处折0.2 cm折量，把缝份修至0.3 cm，用熨斗熨折定型更好。

图5-8　袋盖布对格

图5-9　袋盖制作

9）前片袋盖固定（见图5-10）。将双嵌线口袋布固定在前片反面，可以用针线绷缝固定。将上线嵌线布绷缝在前片口袋位置，这样可以防止绢缝时错位。嵌线两端宽度为0.4 cm，绢缝时需注意上、下口袋布不能错位。绢缝开始和结束时都要打回针，这样才牢固不脱线。

10）前片开双嵌线袋（见图5-11）。用剪刀剪开双嵌线的中心，然后打三角形剪口，注意三角形剪口不要太尖，不然会出现毛边脱线问题。接着将双嵌线的下口袋布翻到里侧，在这种状态下，将其下部的嵌线缝份用熨斗进行劈缝熨烫定型，宽度为0.5 cm。接着用锥子将双嵌线袋口两端的三角塞入衣片背面，四角不要出现毛口现象。

图 5-10　前片袋盖固定

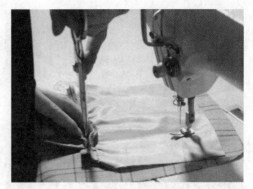

图 5-11　前片开双嵌线袋

11）双嵌线袋两端缉三角固定（见图 5-12）。将双嵌线袋两端三角拉平整，用熨斗把三角熨烫至定型固定，注意熨斗不要烫到衣片，这样不易出现毛边。接着用缝纫机将双嵌线袋口两端的三角形来回缉缝固定，注意不要缉缝到衣片上。

12）袋布和袋盖固定（见图 5-13）。在前片背面，把双嵌线袋布上、下层对齐，然后缉线固定住。注意缉缝时打回针固定。

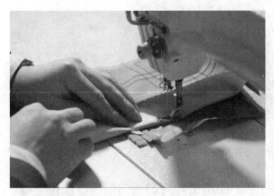

图 5-12　双嵌线袋两端缉三角固定

图 5-13　袋布和袋盖固定

13）袋布四周缉缝双线固定（见图 5-14）。双嵌线口袋上、下层口袋布拉平整，从上至下缉缝双线固定，这样口袋更牢固耐用，不易破洞脱线。四周缉线封住固定以后，用剪刀把四周修剪整齐。

14）挂面与前身里布缉缝（见图 5-15）。缝合挂面与前身里布，将前身里布和挂面正面相对缝合，缉缝时需用针线固定，注意对位，防止因缝纫机压脚压力产生歪扭吃布问题。缉缝好以后熨烫。

图 5-14　袋布四周缉缝双线固定

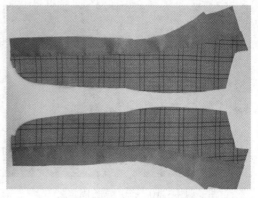

图 5-15　挂面与前身里布缉缝

15）前片与挂面缉缝（见图 5-16）。把挂面与前片整理平整，正面相对，用大头针固定剪刀口对位点。注意在翻驳领处需要融入翻折驳头的外翻量，然后绷缝前片止口，在翻驳领处需要融入 0.3 cm 松量，使驳头领角平服，防止产生反翘问题。用缝纫机缉缝时也要注意手势，使其前片止口达到下摆止口平服、驳领处自然贴服的效果。

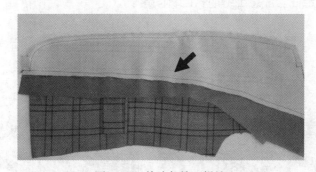

图 5-16　前片与挂面缉缝

16）前止口、驳头修缝份（见图 5-17）。使用熨斗将前止口弧线等部位劈缝，接着从止口底摆开始修剪衣身一侧缝份为 0.5 cm，将挂面一侧圆角部分缝份也修掉。这样做可以使前片止口挺薄，手感更好。

17）后片分缝熨烫（见图 5-18）。将后中两片面布相对，注意剪刀口对位点对位整齐，并用绷缝线或针线固定，防止错位。正式用缝纫机缉缝时，要确认缝纫机上、下线松紧合适。缉缝完成后，用熨斗劈缝熨烫平整。

18）前片、后片肩缝缉缝（见图 5-19）。前片与后片肩缝缉缝时，前片与后片正面相对，前片在上层，后片比前片长出的量需要吃进肩缝中。缝好后，在铁凳上将肩缝缝份分缝熨烫平整，然后把前片与后片的里布正面相对，前片在上层进行缝合。

19）领面与领座缉缝（见图 5-20）。缝合领面与领座时，先在反面用净样板画好线，将领面与领座正面相对，领座在上层，沿着画好的净样线缉缝 0.6 cm，缉缝时需注意领中线对位刀口要对整齐，防止上、下层错位变形。

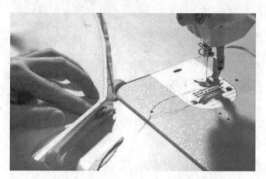

图 5-17　前止口、驳头修缝份

图 5-18　后片分缝熨烫

图 5-19　前片、后片肩缝缉缝

图 5-20　领面与领座缉缝

20）领面与领座分缝熨烫（见图 5-21）。熨烫领面时，把领面与领座劈缝烫开，并注意使领面熨烫平服，领座纱向及外口长度与领圈保持一致。

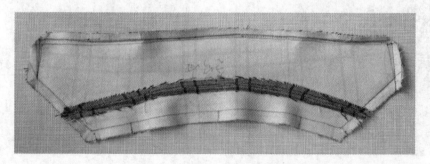

图 5-21　领面与领座分缝熨烫

21）领面与领底缉缝（见图 5-22）。把领底放在领面上面对整齐，从领口开始缉缝，缉缝时注意在领面的两端有吃量，同时注意对位刀口，防止领面错位变形。

22）领面与领底缉缝熨烫（见图 5-23）。领底与领面缉缝好后，开始熨烫，注意熨烫领面外口要做出内窝服的形状，使之符合人体颈部形状。同时，熨烫时要把领面折进 0.2 cm，使领面与领座外口不外露。

图 5-22　领面与领底缉缝

23）领面与领圈缉缝（见图 5-24）。领底与衣身正面相对，平缉绱领里，领面与挂面正面相对，对准绱领点平缉领子串口线。先将后衣片中点与领里中点对准，再将后衣片里子中点与领面中点对准，然后将后身领圈与领子缉缝。

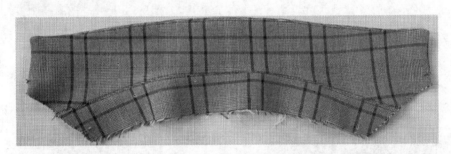

图 5-23　领面与领底缉缝熨烫

24）领片与领圈缉缝（见图 5-25 和图 5-26）。将领里与衣身领圈分缝烫开，再将领面的小肩处剪一刀，将缝份倒向里子。继续把面、里串口分缝后，在领里处平缝对合，车缝 0.1 cm 线固定。完成后，把领片与领圈缉缝封口固定。

图 5-24　领面与领圈缉缝

图 5-25　领片与领圈缉缝 1

25）大、小袖缝缉缝（见图5-27）。袖子大袖、小袖正面相对，在缝份处用手针绷缝，大袖袖肘处需要扒开0.3 cm。缉缝后袖缝时注意方向是从袖口开始。缉缝完成后，大、小袖松紧合适，对位点准确。

26）袖子熨烫（见图5-28）。劈缝熨烫时，注意将袖片展开，以小袖为基准调整经向线。开始熨烫处理时，用熨斗从袖子袖头开始向袖口方向将缝份劈开。为了使缝合线

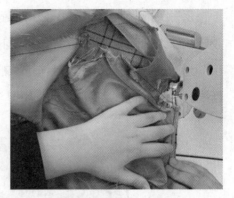

图 5-26 领片与领圈缉缝 2

成为漂亮的曲线，要一边用手指调整，一边进行劈缝。熨烫时应防止最初定型小袖变形，同时需要注意大、小袖袖口伸长变形等问题。

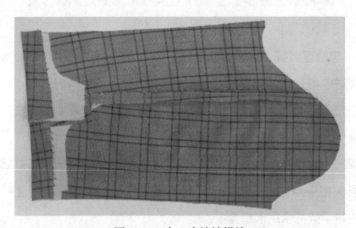

图 5-27 大、小袖缝缉缝

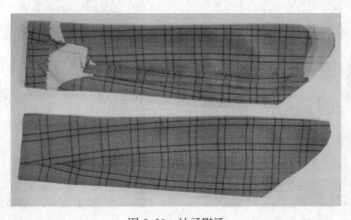

图 5-28 袖子熨烫

27）袖山缩缝（见图 5-29）。缩缝是针脚极小的平针缝法，其针脚越小，效果越好。从大袖前侧的对位点开始，向小袖后侧的对位点进行缩缝。在距离袖山毛边 0.7 cm 处用棉线和平缝针针法拉出袖山吃势。针距 0.3 cm，从袖底起针中间不能断线。继续将袖山吃势抽均匀，用熨斗熨烫定型。

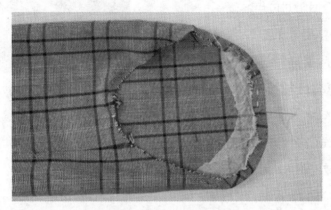

图 5-29　袖山缩缝

28）袖子与袖窿缉缝（见图 5-30）。先装左袖，把缝纫机针距调大，用缝纫机缉缝。从侧缝对位点开始起针缉缝 0.8 cm。缉缝时注意把控好对位点，注意手势松紧。装袖对刀位常有偏差，应按实际情况进行调整。待两只袖子左右对称后，正式缉缝袖窿一圈 1 cm。

29）垫肩安装固定（见图 5-31）。固定垫肩时，先把垫肩对折并找到中点，用画粉做好记号。将中点与肩缝对位，用手工针固定，然后继续用手工针把垫肩与袖窿固定，并注意手势符合肩部造型。

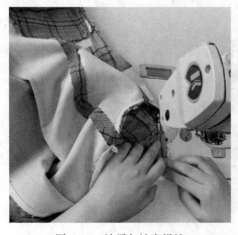

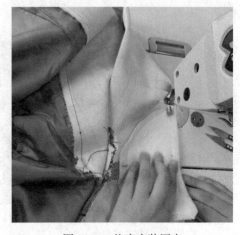

图 5-30　袖子与袖窿缉缝　　　　　　　　图 5-31　垫肩安装固定

30）袖子里布固定（见图5-32）。固定袖子里布，用布条把袖子与肩缝固定住，这样可以防止袖子里布脱落。

31）衣片下摆封口缉缝（见图5-33）。衣片下摆封口缉缝时，将前后衣片底边按净样线折好并熨烫，继续把面、里底边对刀标记好，用缝纫机车缝。

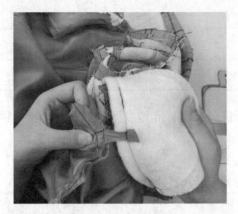
图5-32　袖子里布固定

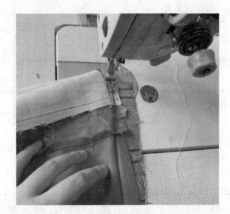
图5-33　衣片下摆封口缉缝

32）衣片下摆里布固定（见图5-34）。衣片下摆里布固定在面布平拼缝中，用缝纫机把底边缝份固定在侧缝缝份上，防止衣服底摆脱落。

33）整烫（见图5-35）。女西服缝制完成后，用熨斗进行整烫，整烫时注意控制熨斗温度。胸部、袖窿、驳领等重要部位需要用烫凳保护定型，把女西服的立体感展现出来。

图5-34　衣片下摆里布固定

图5-35　女西服缝制完成整烫

2. 技能训练

（1）在教师指导下，各自核对派发的材料种类（面料、里料、衬料、样板、辅料等）和数量，填在表5-4中。

表5-4　　　　　　　　　　材料种类与数量填写表

材料名称	材料种类	材料数量	材料纱向
女西服面布			
女西服里布			
有纺衬			
垫肩			
牵条			

（2）在教师指导下，参照世界技能大赛评分标准，完成女西服的质量检验，独立填写表5-5，并将女西服修改、调整到位。

表5-5　　　　女西服制作评分表（参照世界技能大赛评分标准）

序号	分值	评分内容	评分标准	得分
1	15	完成度：按照工艺要求，完成女西服制作	完成得分，未完成不得分	
2	15	整洁度：外观干净整洁，无脏斑，无过度熨烫，无熨烫不足，无线头，无破损	有一处不符扣5分，扣完为止	
3	20	规格：尺寸规格达到要求，领长33.5 cm，误差±0.5 cm；领嘴长10.5 cm，误差±0.2 cm；后领高7 cm，误差±0.2 cm；装领距前止口1.7 cm，误差0 cm；领脚缉线0.1 cm，误差0 cm	有一处不符扣5分，扣完为止	
4	10	裁片丝缕：裁片丝缕准确，面料有条格时，需对条、对格	有一处不符扣5分，扣完为止	
5	10	线迹：线迹密度为19～21针/3 cm，误差2针/3 cm，线迹松紧适度，且中间无跳线、断线、接线	有一处不符扣5分，扣完为止	
6	20	外观：领子外口平顺，不反吐，不反翘，左右形状及角度对称，领尖翻尖、翻实，领子里外匀；绱领自然服贴，无不良吃纵，左右居中，两侧对称。袖子袖底平整，袖山头圆顺饱满，没有起皱、鼓包现象	有一处不符扣5分，扣完为止	
7	10	工作区整洁：工作结束后，工作区要整理干净，物品摆放整齐，电源关闭	有一项不到位扣5分，扣完为止	
合计得分				

（3）以小组为单位，集中完成表5-6的填写。

表5-6　　　　　　　　　　　设备使用记录表

使用设备名称		是否正常使用	
		是	否，是如何处理的？
裁剪设备			
缝制设备			
整烫设备			

引导评价、更正与完善

在教师讲评、引导的基础上，对本阶段的学习活动成果进行自我和小组评价（100分制），之后独立用红笔对本阶段的引导问题的回答进行更正和完善。

个人自评分	关键能力		小组评分	关键能力	
	专业能力			专业能力	

（四）成果展示与评价反馈

1. 知识学习

学习展示的基本方法、评价的标准和方法。

（1）展示的基本方法：平面展示、人台展示、其他展示。女西服建议在人台上展示。

（2）评价的标准：对照表5-5。

（3）评价的方法：目测、测量、比对、校验等。

 世界技能大赛链接

女西服设计制作是世界技能大赛时装技术项目中经常会测试的内容。第45届世界技能大赛时装技术项目全国选拔赛备赛作品如图5-36所示。

图 5-36　世界技能大赛选手备赛作品欣赏（女西服）

2. 技能训练

 实践

（1）平面展示。

（2）人台展示。

（3）其他展示。

3. 学习检验

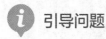 引导问题

（1）在教师指导下，在小组内进行作品展示，然后经由小组讨论，推选出一组最佳作品进行全班展示与评价，并由组长简要介绍推选的理由，小组其他成员做补充并记录。

小组最佳作品制作人：_____

推选理由：_____

_____

其他小组评价意见：_____

_____

教师评价意见：_____

_____

（2）将本次学习活动出现的问题及其产生的原因和解决的办法填写在表 5-7 中。

表 5-7　　　　　　　　　问题分析表

出现的问题	产生的原因	解决的办法
1.		
2.		
3.		
n		

自我评价

（3）本次学习活动中自己最满意的地方和最不满意的地方各列举两点，并简要说明原因，然后完成表 5-8 中相关内容的填写。

最满意的地方：_____

最不满意的地方：_____

表 5-8　　　　　　　　学习活动考核评价表

学习活动名称：女西服制作

班级：　　　　　学号：　　　　　姓名：　　　　　指导教师：

评价项目	评价标准	评价依据（信息、佐证）	评价方式			权重	得分小计	总分
			自我评价	小组评价	教师（企业）评价			
			10%	20%	70%			
关键能力	1. 能穿戴劳保服装，执行安全操作规程 2. 能参与小组讨论，制订计划，相互交流与评价 3. 能积极主动、勤学好问 4. 能清晰、准确表达，与相关人员进行有效沟通 5. 能清扫场地和机台，归置物品，填写设备使用记录	1. 课堂表现 2. 工作页填写				40%		

续表

评价项目	评价标准	评价依据（信息、佐证）	评价方式			权重	得分小计	总分
			自我评价 10%	小组评价 20%	教师（企业）评价 70%			
专业能力	1. 能区分领子的类型 2. 能叙述女西服制作所用工具和设备的名称与功能 3. 能识读女西服生产工艺单，明确工艺要求，叙述其制作流程 4. 能在教师指导下，完成女西服制作的全过程 5. 能按照企业标准（或世界技能大赛评分标准）对女西服进行正确检验，并进行展示	1. 课堂表现 2. 工作页填写 3. 提交的作品				60%		
指导教师综合评价								
	指导教师签名：				日期：			

三、学习拓展

说明：本阶段学习拓展建议课时为 2～4 学时，要求学生在课后独立完成。教师可根据本校的教学需要和学生的实际情况，选择部分或全部进行实践，也可另行选择相关拓展内容，亦可不实施本学习拓展，将所需课时用于学习过程阶段实践内容的强化。

拓展

1. 在教师指导下，通过小组讨论交流，完成图 5-37 所示枪驳领女西服的制作。

2. 在教师指导下，通过小组讨论交流，完成图 5-38 所示平驳领短袖女西服的制作。

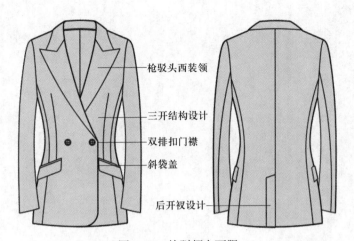

枪驳头西装领

三开结构设计

双排扣门襟

斜袋盖

后开衩设计

图 5-37　枪驳领女西服

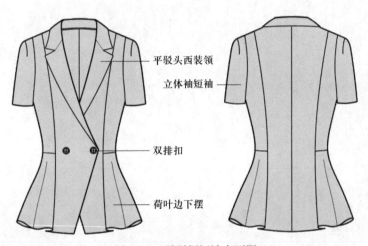

平驳头西装领

立体袖短袖

双排扣

荷叶边下摆

图 5-38　平驳领短袖女西服

查询与收集

3. 查阅相关学材或企业生产工艺单，选择 1 ~ 2 个关于女西服制作的工艺单，摘录其工艺要求和制作流程。

（1）

（2）